大樂文化

大樂文化

大樂文化

超溫暖銷售術

37 個技巧教你，
看出連顧客自己也沒察覺的需求！

【暢銷限定版】

南勇◎著

Contents

第4章 如何透過電話「答謝」，讓業績翻倍？

Contents

第6章

回頭客的業績，其實是新顧客的9倍！

第7章

Contents

推薦序

想訴求個人品牌，歐美行銷更注重超溫暖銷售

天下雜誌換日線專欄作家
電影製片、模特兒、演員　顏卉婕

《超溫暖銷售術》是一本匯集超業經驗的寶典，讓你瞭解成功的銷售員應該如何提升自己銷售的溫度。另一方面，你身為顧客，也能透過本書，知道銷售員是否真的用心瞭解你的需求。

那麼，為什麼要賣這個商品給你？我又為什麼一定要買這項產品呢？就讓「超溫暖銷售術」來告訴你吧。

❖銷售訴求的不只是商品，而是品牌整體形象

大家應該或多或少都有接到銷售電話，或是在街頭被推銷的經驗，但成功與否往往取決於不同的因素，有時候可能暫無購買的必要，有時候可能推銷員的話術生硬，大概不到三十秒的時間，你就想要抽身而走。

對我來說，銷售代表的不僅僅是商品，而是品牌整體形象，從銷售員開始與潛在客戶接觸，進而解說商品內容、瞭解顧客需求等，各個面向都會影響交易是否能夠完成。很可惜地，大多時候，大家無法切入痛點，於是不瞭解對方的情況，無法提供更好的服務，最後失去一個成功交易的機會。

在英國兩年的期間，我從一個遊戲企劃，變成一個走國際T台的時裝模特兒。在大部分時間裡，我觀察每一個模特兒和設計師，發現他們時時刻刻在經營自己的個人形象和品牌。

我做為一個演員及模特兒，在每一次試鏡的過程中，必須快速銷售自己的形象和專業能力，讓試鏡導演留下印象。記憶最深刻的一次，就是代言 SONY Xperia Z3 的

全球廣告，當時試鏡導演詢問幾個問題：**「為什麼你要用 SONY 手機？」「SONY 手機有什麼特色？」及「你會推薦給別人嗎？」**

當時的我，提出對於相機畫質及 Low Light 功能的需求，以及對於手機重量和設計感的想法，並且直接來一段「介紹 SONY 手機」的現場表演，最後我拿到這個代言機會。

在我的「超溫暖銷售術」中，試鏡導演瞭解我的人生、個性及價值觀，也知道我在一開始語言不通的環境裡，漸漸能夠站上舞台，面對面地完成試鏡表演。我們互相瞭解的過程中產出的故事，變成廣告內容的養分，而我們也成為朋友。

再舉一個例子。在英國大部分的時尚品牌旗艦店裡，像是 Burberry 或Chanel，大多數的店員不會從你的穿著，評斷你是不是有錢人？因為他們是負責傳達品牌、設計師理念及客製化服務給顧客的第一線人員，一旦陷入自己的立場和觀點，使不禮貌的肢體語言傳遞出「不溫暖銷售術」，那麼不只會失去一張訂單，或許還會引發負面的網路評價。

❖把握3原則，別再把顧客嚇跑

根據「傾聽」、「順從」、「詢問」這三個原則，你要先認真傾聽顧客提出需求的資訊，因為你接收到的資訊越多，越能判斷及貼近對方真正的需求，並且傳遞專業的知識和資訊給對方。

很多時候，顧客或許不清楚自己需要什麼，如果你仔細詢問，可以幫助對方釐清頭緒。若是成功做到這三點，成交率就會大幅提升。

此外，書中還有許多的實用技巧，相信你看完之後，必能提升自己的銷售力，成為一個有溫度的人！

編者序

超溫暖銷售，就是讓顧客揪感心到一再回購

「銷售」的最大迷思在於，大多數商家認為只要把商品賣出去，就達到銷售目的。往往顧客的腳還沒有踏出店門，就已成為商家業務簿上的一筆數字。相對地，顧客認為自己與商家的關係也僅是一次單向交流，買賣過後便橋歸橋、路歸路。

對於商品品質的好壞，大多數的顧客即使心有千千結，通常會選擇息事寧人，當作是上一次當、買個教訓。因此，商家多半得不到顧客的反饋。

關於售後服務，從傳統商業模式的經驗來看，多半被視為麻煩，既增加無形成本，也變相壓榨銷售員有限的精力和時間，很難在短期內兌現為疊加的利潤。於是，多數商家將目標放在有消費慾望和潛力的新顧客，期望快速實現下一筆獲利。

但事實上，「開發新顧客」締造的效益，遠低於「經營舊顧客」。尤其對商品抱

持天然喜愛的回頭客，通常是鐵粉級消費者，買單的速度很快，而且熱衷分享自己的消費體驗，吸引新的盟友，這不僅帶給商家可觀的營業額，還為商品做免費的廣告宣傳。

可惜，大多數的銷售員也許礙於業績壓力，或者被僵化的思維影響，往往只鑽營提高來客數和炒短線成交率，他們擁有的大量客戶名單和資訊，只是虛設的記錄，無法轉成有利的資源。

其實，客戶資訊是最大資產。許多穩賺百萬年薪的超級銷售員，甚至只憑手上的客戶名單，就樂享工作與經濟的自由。到達這個境界後，不再是工作和顧客選擇銷售員，而是他們挑選顧客和工作。

到底什麼是能讓顧客有感的超溫暖銷售術？系列著作暢銷五十萬冊的銷售專家南勇，借鏡日本享譽全球的溫暖銷售術，提出三十七個超溫暖銷售技巧。以下，讓我們一窺「南勇流」的銷售術演繹法。

● 第1章：見到顧客，你想的是業績還是他的感受？

Key word：傾聽、順從、詢問。

銷售是情商的藝術，而情商表現在言語的應用。銷售員不只要有一條滔滔不絕的銀舌頭，還要有一雙能聽見客戶需求的金耳朵。

● 第2章：扮演知音，才能發掘顧客的真實需求

Key word：換位思考、打破線性思維。

生意是一場博弈，博弈是雙方的讀心競賽。銷售要打破線性思維，具備提問的意識和技巧，透過換位思考，察覺顧客難言的沉默需求。

● 第3章：越貼心讓顧客試用，越能讓他買來使用

Key word：限時試用、飢餓行銷

顧客都喜歡佔小便宜，但所謂的「酬償心態」將幫你創造下一次顧客來店的契機。當他們願意再到店裡，成交的意願將大幅提高。

● **第4章：如何透過電話「答謝」，讓業績翻倍？**

Key word：四聲內接聽、注意語音聲調，不可盲打。

諮詢的電話該怎麼打，才不會讓客戶感到厭煩？在什麼時機打，才不會被當成令人討厭的銷售電話？活用電話哲學掌握客戶心理，將得到事半功倍的效果。

● **第5章：超業都善用「顧客介紹顧客」，你呢？**

Key word：活化殭屍顧客、鞏固潛在業績。

顧客資料是一切銷售活動的起點，能否掌握這類資訊攸關成敗，而充分掌握資訊後，顧客就會是你的。

● **第6章：回頭客的業績，其實是新顧客的9倍！**

Key word：售後服務、品牌形象。

良好的售後服務是企業的最佳行銷方式，善用售後服務的技巧，能把奧客變成鐵粉級的優質顧客。

● **第7章：切忌用力推，而是懂得「適時吃點虧」**

Key word：商品可視化、適時彙報。

顧客希望與自己打交道的是「人」，因此商品可視化能提升顧客的擁有感和安全感，適時彙報可以讓他們感到被尊重，而卸下心防。

銷售的業績藏在銷售的細節裡，想要抓住顧客的心，只會滔滔不絕、用力推銷是不夠的，唯有把冰冷的銷售技巧加上一層人的溫度，才能創造買賣雙方都滿意的銷售體驗。

銷售要能讓顧客感到溫暖，重點在於鍛鍊情商。反問、提問，而且不要急著闡述自己的立場和觀點。

第1章

見到顧客，你想的是業績還是他的感受？

一句話可以促成交易，也可以毀掉生意

話術是老生常談的問題，「銷售話術」是表現情商的藝術。一句話可以成就一樁生意，也可以毀掉一樁生意，許多靠嘴巴吃飯的銷售員，卻往往輕忽這個道理。

下面我們先看看在新車發表會上，兩個汽車銷售員如何與顧客對話，接著討論對成交影響很大的銷售話術。

❖話術高不高竿，決定顧客買不買單

顧　客：我覺得這款新車的後車廂有點小。

銷售甲：是嗎？這一定是您的錯覺！我們這款車的後車廂雖然乍看有點狹窄，但是整體深度和可利用的空間，在同系列的車子當中是最大的！

顧　客：原來如此。不過，新款和舊款車在整體設計上，好像沒什麼區別。

銷售甲：單從外觀來看，可能區別不是很大。但是，新款車的內空間比舊款寬敞許多，也明顯提升舒適度。新款車的引擎設計技術更先進，油耗也更低。另外，新款車的碳排放也達到國際最高標準，大幅領先舊款車！

顧　客：嗯，我明白了。謝謝您！

看出上述的對話有哪裡不對勁嗎？在相同的場景和話題之下，我們再看另一段對話又是怎麼進行。

顧　客：我覺得這款新車的後車廂有點小。

銷售乙：看起來的確有點小。您非常重視後車廂的大小，是不是經常要攜帶大型行李？或是必須將大型包裹放在後車廂裡？

顧　客：不、不，你誤會了。我覺得後車廂大一點的車比較安全，如果不小心被其他車輛追撞，受到的衝擊可以小一點。

銷售乙：原來如此。不過您可以放心，這款車的安全性能非常好，就算發生衝撞，車內也很安全，尤其是後座乘客也會被保護得很好，因為……（向顧客詳細解釋車體結構，以及汽車安全方面的資訊）。

顧　客：是嗎？聽你這麼說，我心裡踏實多了。看來，內行人和外行人的程度就是不一樣。

銷售乙：您太客氣了！每個人擅長的領域不一樣，在您擅長的領域裡，我是不折不扣的外行！汽車是我擅長的領域，我很榮幸有這個機會為您解答和服務！

顧　客：謝謝。不過，我覺得新款和舊款在整體設計上差別不大。

銷售乙：是的，在我解釋新款和舊款車的差異之前，想請問您看到新款車之前，是否預期它和舊款車會有很大的不同？

顧　客：沒錯，我覺得既然是新款車，在設計方面應該會有變大的變化。

銷售乙：那麼，當您看到新款和舊款車在設計方面變化不大，心裡是不是感到有點失望？

顧　客：不會呀！說實在的，我還是覺得舊車款的設計比較好看，就怕新車的風格會有太大的變化，所以特意跑過來看看。

銷售乙：是嗎？那您看過之後感覺如何？

顧　客：嗯，外形設計方面沒有太大的變化，雖然某些小細節有不同，在我看來也是好的。總之，我相當滿意！

銷售乙：那真是太好了！聽您這麼說，我也非常高興。除此之外，您對哪些細節還有疑問？

顧　客：我經常要到外縣市出差，三天兩頭就得上高速公路，所以比較在意車子的馬力，不知道這款新車跑起來怎樣？

銷售乙：您真是問到重點了！這款新車的最大亮點就是馬力。和舊款相比，它的引擎採用最新設計，馬力一口氣提高了二〇％！如果您願意，等一下我可以陪您試駕，親自感受一下！

顧　客：那太好了！要常跑高速公路的車，馬力夠不夠很重要。

銷售乙：我有個朋友和您一樣，幾乎每天都要上高速公路，非常在意車子的馬力問題。他現在也對這款新車很感興趣。

如果你是顧客，比較滿意銷售員甲還是乙的說話技巧？我相信大多數人都會選擇銷售員乙。

在相同的場景和話題之下，不同的情商導致話術的差異，會影響是否順利成交。因此，話術成敗表現在細節裡，銷售業績也藏在細節裡。

銷售話術是表現情商的藝術，想讓成交勝率達到九九%，不只要口若懸河，還要懂得怎麼說，才能把顧客攬緊緊。接下來，我們分別從店家與顧客的角度，進一步分析銷售話術的基本法則。

成交筆記

對顧客來說，更在乎的是自己說了什麼。因此，銷售話術的第一個關鍵，就是聽見顧客需求。

把握說話3原則，從此不必與顧客尬聊

一般來說，顧客說的事情越多，銷售端可以掌握的資訊越多。那麼，該如何讓顧客多說一點？

❖超業秘技1：傾聽

在沒有瞭解真相之前，傾聽為上、少說為妙。

從銷售員甲和顧客的應對中，我們可以發現，銷售員甲幾乎沒有意識到挖掘顧客潛在需求的重要性。在顧客提出問題、表現出質疑的態度時，甲的第一反應是迫不及待地糾正顧客。換句話說，甲本能地認為顧客是錯的，而他必須用正確的解釋來糾正錯誤。

從對照組的銷售員乙和顧客的對話，可以明顯看到，顧客提出那幾個疑問，並不是為了否定新款車。例如：顧客對後車廂空間的疑慮，重點不是想放大件行李，而是擔心追撞時的安全；談到新、舊車款的區別，顧客其實更喜歡舊款的設計，擔心新款的變化過大。

遺憾的是，銷售員甲不關心顧客的真實想法，從頭到尾一廂情願地將自己的見解強加給顧客。這就是典型的雞同鴨講，兩人的對話始終是兩條平行線。

於是，顧客的耐心逐漸被消磨殆盡，剩下敷衍、冷場及尷尬，對話進展到這個地步，意興闌珊的顧客十之八九會找個藉口迅速逃走，然後恐怕沒有什麼成交機會了。

再看看銷售員乙，在相同的條件和情境設定之下，為什麼他可以與顧客聊得這麼熱烈投機？

❖超業秘技2：順從

絕對不要否定顧客，這是做生意的鐵則。

世界上沒有哪個人喜歡被否定的感覺，如果說話後，經常被否定，就會失去繼續說下去的興致，相反地，如果說過的話能得到他人理解甚至讚賞，就會很容易打開話匣子。

也許有人會好奇，如果顧客說的話確實是錯誤的，難道也要附和、理解或讚賞？這不是欺騙顧客的行為嗎？當然不是。專業人士在面對非專業人士時，要準確地傳遞正確知識和資訊，這是最起碼的義務和常識。可是，**即便說的是全世界最正確的真理，也要顧客願意聽進去，否則他們也沒興趣。所以，重點不在於你說的事情是否正確，而在於顧客是否願意聽。**

那麼，該如何讓顧客願意延長你們的對話，並且願意聽你說呢？

首先，必須盡量肯定甚至誇獎顧客，當顧客開始對你產生好感，就容易放下對抗和戒備。再者，充足的對話時間可以提供更多暗示的機會。然後，只需在對話中一點一滴地暗示顧客，讓他們不知不覺中徹底接受你的觀點。

❖超業秘技3：詢問

即時而恰到好處的詢問，可以搞定一樁買賣。

在銷售員耐心傾聽，從顧客身上得到海量的資訊後，會面臨一個問題：**大部分的資訊都模糊不清，甚至缺乏邏輯，令人摸不著頭緒。**

這時候，你需要適時向顧客提問，讓自己和顧客釐清頭緒，才能找回事物的內在邏輯，進而精準地判斷顧客的意圖，挖掘出他們的潛在需求。這個環節會直接決定最後的成交率。

從情理來看，買方提出的問題大多關於商品，賣方提出的問題大多關於顧客，而銷售術的起點和重點是人，想讓顧客覺得對談有溫度，光是回答顧客對商品的問題是不夠的，多詢問一句，滿足顧客的需求，搞定他沒說出口的問題，才能打動顧客、促進成交。

這是個相當簡單的邏輯，但很顯然地，仍有許多人到現在還搞不清楚，天天做著本末倒置的事，以致與成交永遠有一點距離。

成交筆記

善用超溫暖銷售術的三個超業秘技：「傾聽、順從、詢問」，是達成百分之百成交勝率的關鍵一步。

學會萬用句式，能找出顧客真正的痛點

前一節提到，詢問是促成成交的必要關鍵之一，但許多銷售員普遍的問題就是不會提問。那麼，如何才能及時、準確地提問呢？最簡單的方法就是適時反問。

當顧客提出問題時，銷售員先不要急著回應，應該反過來引導顧客回答以下兩個問題：

「您為什麼想問這個問題？」

「您有什麼想法、顧慮或是期許呢？」

這樣做等於拋球給顧客，當顧客願意接你的球、向你透露心事，等於成功地挖掘到他們的潛在需求，也就是所謂的痛點❶。

❖先掌握住顧客的痛點，才能撬開顧客的心

接下來，銷售員只需針對這些痛點再深入挖掘。

遺憾的是，在現實生活中，大多數的銷售員都做不到這一點。他們總是將商品的所有相關資訊，一股腦地倒給顧客，完全不顧這些資訊對顧客是否有用，或者顧客是否在意。

這就是典型的不會提問。因為找不到顧客的痛點，所以乾脆全面出擊，採取地毯式介紹。然而你有這個氣魄，顧客還沒那份耐心！當顧客開始感到厭煩，便可能翻臉走人。

從這個角度來看，上一節中銷售員乙的表現就很聰明。每當顧客提出一個問題，他便反問顧客的用意，最後得到雙贏的結果。相反地，銷售員甲的表現就完全不合

格。可惜，在現實世界裡，銷售員乙這樣的人佔極少數，銷售員甲則無處不在。

成交筆記

用提問引導顧客反問，從中找出顧客真正的痛點，是實踐超温暖銷售的不二法門。

❶在個人要滿足自己的需求或體驗的過程中，如果感覺困擾、難受、不便，或是開口抱怨，卻得不到解決，心裡會覺得痛苦或不自在，這就是一種「痛點」。

哪些自以為貼心的話，反而使顧客掉頭走人？

很多時候，說錯話是無心之過，銷售員本身並無惡意，卻在無意之間令顧客掃興，甚至傷害他們的心。這樣的例子實在不勝枚舉。

❖真正趕走顧客的，其實是你的大嘴巴

我家隔壁鄰居有二十幾年的駕駛經驗，他到汽車展示中心閒逛，看見展廳門外停著一輛改裝樣品車，造型奇特、非常亮眼，便忍不住湊上去看熱鬧。

這輛改裝車是店家根據顧客的需求特別訂製，在底盤與車體連接的地方，貼了一

圈金屬裝飾貼條，看起來相當氣派。最誇張的是，這輛車的車身上貼滿各式各樣的京劇臉譜，相當引人注目。我這位鄰居是愛車之人，看到這麼帥氣的改裝車，不禁有些心動。

這時候，一位三十多歲的銷售員走過來，客氣地問：「您是幫孩子看車嗎？這款改裝車相當受到年輕人歡迎，價格也貴了五到十萬塊……。您可能覺得這款改裝車的造型比較怪異，不太能接受，但是**許多年輕人相當喜歡這樣的外觀，而且非常捨得花錢。**」

這位鄰居一聽，當下心中泛起一陣不悅，本來蠻高的興致瞬間被銷售員的這番話澆滅。他心裡暗想：「你這話什麼意思？**難道改裝車是年輕人的專利，上了年紀的人就不能玩嗎？**真是無趣！」

他既然沒了興致，不想繼續逛下去，最後連展示中心都沒跨進去，與那位銷售員隨便聊幾句之後，便打道回府。

無獨有偶，我從另一位女性友人那裡聽到類似的故事。這位友人當時三十多歲，某天在汽車展示中心看到一款新車，相當中意它的外形，不禁停下腳步多看了幾眼。

銷售員見狀後馬上湊過來，熱情地向她大力推薦這款車，並詳細介紹該車款的主打賣點。

其實，我這位友人對於那些資料不感興趣，也沒有將銷售員說的那些話聽進去。她之所以會中意那款車，主要是因為車子的外觀，那款車的造型有些保守，卻顯得沉穩踏實，儘管是小排氣量，但無損高貴感，正好符合她的人格特質。她個性保守低調、沉穩幹練，同時也讓人感覺時尚又高貴。

「我們**這款車的目標客群，是事業有成的中老年人**，希望您回去後，好好向叔叔、阿姨推薦！」

我這位友人的確對那款車一見鍾情，遺憾的是銷售員向她介紹完後，說出上面這句無心的話，徹底掃了她的興。銷售員把她看成替別人選車的人，壓根沒有意識到，她本身就可能是潛在客戶。

這位女性友人大感失望，心中憤憤不平地想：「什麼意思！因為**我不屬於這款車的目標客群，就不可以買一輛嗎？**還是說即便買了，開出去也是一件奇葩、丟臉的事情？」

當下，她強行按捺住自己的不愉快情緒，冷淡地回道：「沒事，我只是隨便看看，我父母都有車，不用我幫他們買。」說完後便拂袖而去，留下銷售員在身後尷尬不已。其實，她的父母都沒有車，但是她實在氣不過，於是暗損了那位銷售員。

❖超業會這麼做，你呢？

以上的兩個案例有一個鮮明的共同特徵，就是**銷售員自以為是**。這類銷售員通常都以為自己閱人無數，是江湖老手，基本上一眼就可以看出顧客為了什麼而來，因此會為了提高效率而企圖省略對話。

坦白說，這兩位銷售員都沒有惡意，他們的本意只是為了服務顧客、討好顧客，希望盡量表現出自己善解人意、有眼力的一面。但是，他們沒有傾聽顧客真正的心聲，反而因為自己莽撞而破壞對方的興致，白白錯失了真正的潛在顧客，以及絕佳的銷售機會。

此外，除了這種自以為是的銷售員之外，還有些銷售員常常馬屁拍過頭，始終無法從教訓中吸取經驗，一次又一次敗給自己的情商。那麼，該怎麼拿捏分寸，才能避免這種情況？解決問題的鑰匙還是情商。

在前文中，我們已經概略地探討情商的重要性。現在，我們再有系統地討論：該怎麼養成情商？

●情商up秘技1：養成習慣

情商的本質始於養成習慣。簡單地說，任何事物養成習慣後，便會自然而然地落實。當然，習慣的養成需要大量的後天訓練。

●情商up秘技2：日常落實

在日常工作中培養好習慣、鍛鍊情商的方法，除了反問與提問之外，還有一個要點：**不急於闡述自己的立場和觀點**。人類會本能地急於闡述自己的觀點或立場，因為這事關自身的存在感。說得極端一點，存在感就代表價值，無論如何都不能放棄，這也是為什麼一般人急於表態，而且頑固。

儘管人們可以理解急於表態的動機，但是銷售員應該盡量克服這個毛病，畢竟和顧客打交道的前提，是優先考慮顧客的立場，重視顧客的態度。這麼做並非不是要弱化銷售員，相反地更容易強化立場和存在感。

● 情商up秘技3：強化訓練

銷售員的存在感是由顧客評價，並以成交的方式買單，換句話說，決定性的因素在於顧客是否願意買帳。

因此，銷售員必須隨時管住自己的嘴，啟動耳朵和大腦，這是服務業最基本的必備素質與技能。不用擔心嘴巴沒有用武之地，在耳朵和大腦圓滿完成任務後，就是嘴巴大顯身手的時刻。屆時，再來刷存在感也不遲。

成交筆記

要讓情商變成「無意」中的一種習慣。任何事物養成習慣後，就會自然而然地落實，這是實踐超溫暖銷售術的定位方針。

重點整理

- ☑ 讓客戶感到溫暖，重點在反問、提問，而且永遠不要急著闡述自己的立場和觀點。
- ☑ 不再跟顧客「尬聊」的秘技是：傾聽、順從、詢問。
- ☑ 用「為什麼」適時反問，是抓住顧客痛點的萬用句式。
- ☑ 和顧客打交道是最主要的任務，前提是優先考慮顧客的立場，重視顧客的態度。

從商家的角度來看，商機就是顧客的需求，而顧客的需求則是解決其問題的方法或路徑。

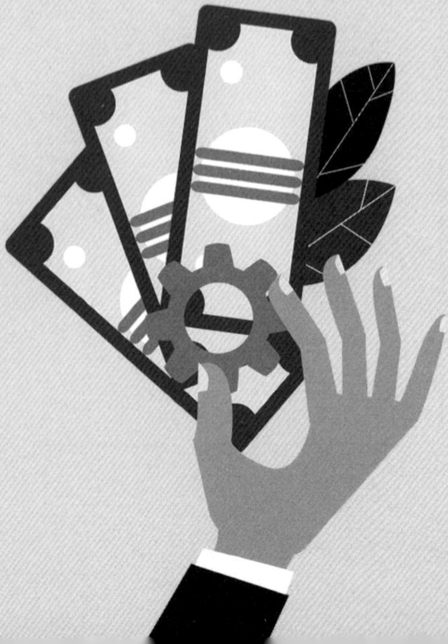

第2章

扮演知音，才能發掘顧客的真實需求

想知道顧客的買單關鍵？得扮演知音的角色

生意是一場博弈，買賣雙方在過程中會進行讀心競賽，誰能讀懂對方的心，誰就能掌握生意場上的主導權，並左右談判的發展方式和方向，直到達成自己的終極目的——銷售。

因此，生意場上的主導權非常重要，其爭奪也異常激烈。從商家的角度來看，如何讀懂顧客的心，掌握讀心術的秘訣，便成為很現實且迫切的課題。那麼，如何精準地掌握顧客的心呢？

❖顧客不說的，才是真正的動機

首先，要時時刻刻心存提問的意識，並學會提問技巧。在此之前，我先談論所謂的「生意」是什麼?再舉汽車銷售業為例。每個顧客在購車或換車時，總會有兩個動機，一個是表面或公開的動機，另一個是內在或私密的動機，兩者缺一不可，只要沒滿足任何一項，就難以成交。遺憾的是，店家常會被顧客的公開動機迷惑，極少注意到顧客的私密動機，損失了有利於達到銷售目標的機會。

譬如前文提到的兩個例子，一個是鄰居大叔對年輕人的嗜好感興趣，另一個是職場女性被中老年人的喜好車款所吸引，可惜銷售員缺乏情商，白白流失兩個難得的顧客。這就是典型的不會讀心。

什麼是顧客的私密動機?一般來說，人會對自己的私密動機較為敏感，是因為害怕自己的偏好與眾不同，而本能地產生自我保護的心理。這類顧客在沒遇到真正的知音之前，絕不會主動觸碰這個私密空間，更遑論開門見山地向陌生人說出真實需求。

相反地，顧客一旦找到知音，就會迅速地移除心理障礙，從不願多談轉變為無所不談。對他們來說，遇到真正理解自己需求的同路人，是莫大的幸運。另一方面，對店家來說，錯失這樣的顧客是最大的損失。

總之，能成為顧客的知音，從銷售員的角度來看絕對是好事，但如果做不到，至少在顧客面前應該試著裝出知音的樣子，前提是不能一戳就穿幫。要達到這種境界，必須進行日常訓練，並具備超高水準的情商。

成交筆記

店家常會被顧客的公開動機迷惑，最佳解決之道是時時刻刻心存提問的意識，並學會提問技巧。

想看透顧客的隱性需求？要觀察他的神情舉動

❖顧客沒說的，才是你要看懂的

優秀的銷售員除了扮演顧客的知音，還可以從對話中的蛛絲馬跡，發掘顧客的真實需求。想達到這個境界的不二法門，首先要鍛鍊強大的觀察力。

人的一舉一動、一顰一笑，甚至一個不經意的眼神，都帶有許多重要資訊。觀察並解讀這些資訊，是直達顧客內心世界的唯一通道。但看懂眼色還不夠，要和他們感同身受，適時體貼。

回顧前文提過的兩個案例，不管是那位中年大叔還是職場女性，當他們長時間在展示車旁觀看，表示他們對眼前的車子的確感興趣，但是那兩個情商低下的銷售員，卻沒有把握住機會，實在很可惜。

當然，駐足觀望不代表本人對眼前的商品感興趣，的確存在想買給其他人的可能性，即便如此，兩名銷售員的情商表現依然不及格。

前文我們提到一個好的銷售員要扮演顧客知音，並且透過觀察找出顧客需求，最困難的一步，是戳破他們的難言之隱。**當顧客認為自己的某些私密動機，上不了檯面，便會堅持打死不說**。這時候銷售員該做的是一步步突破心防，溫柔地點破他們的真實需求。

舉我遇過的例子來說，某些顧客買車是為了和同事比較，希望風頭壓過對方；有些顧客因為長期被人看不起，想買輛好車證明自己；還有的人想買輛時髦的車子，是為了追求異性。

以上這些理由，通常不會被輕易說出口。這種情況下，如果銷售員能透過強大的觀察力和歸納總結的能力，抓緊顧客釋放出的蛛絲馬跡，並準確地直戳顧客的痛點，往往會大大地提高成交率。

對顧客來說，難言之隱絕對更容易左右他們的思維和行為，並且會對決策過程和結果產生決定性的影響。

❖超業的小秘技：觀察歸納總結，直擊痛點

接下來，舉我個人的真實案例說明。數年前，我還在汽車銷售業界時，曾經派出一個暗樁到某家店。他是個三十幾歲的年輕人，長相俊俏亮眼而且打扮入時，也是公司的中流砥柱。

暗樁完成任務並回到店面之後，有點害怕地對我說：「好險！我差點被那裡的銷售員鼓動，訂了一輛車！」原來，該店的銷售員見到他後，不停把話題導向追女生，強烈推薦某款號稱泡妞神器的車，甚至拿出一本雜誌，讓他看其中刊載的該車款相關調查報導。

暗樁仔細一看，發現報導的主題是：年輕女性最希望情人載自己出去兜風的車型排行榜，而那位銷售員強力推薦的車子，正是排行榜中的第三名！

他回家之後詢問女朋友的想法，沒想到她居然對這款車也相當感興趣，希望存夠錢後可以買一輛，兩人一起開車出去兜風。

由此可見，**有些想法儘管難以說出口卻往往是顧客的痛點，溫柔地點破這層「難言之隱」就是一種高情商的表現**。

但切勿直接又粗暴地揭破或糾纏不休，否則可能會適得其反惹惱顧客。在實務操作時，要怎麼恰到好處地把握分寸，端看一個銷售員情商的高低。

成交筆記

顧客的一舉一動、一顰一笑，甚至一個不經意的眼神，都帶有許多重要的資訊。觀察並解讀這些資訊，是直達顧客內心世界的唯一通道。

突破線性思考的制約，銷售生涯就脫胎換骨

在開始談什麼是「線性思維」之前，請各位做個簡單的測試：一個體重一百八十公斤的人，最近積極減肥，每天都甩掉一公斤體重，連續二十天下來，總共減重二十公斤。

問題：如果他持續進行減肥，一百天後的體重會是多少？一百八十天後的體重又會是多少呢？

❖暫停，先思考3秒

我想，至少有一半以上的人會回答八十公斤。理由很簡單：因為每天都減掉一公斤，一百天之後自然是減掉一百公斤，所以體重只剩下八十公斤。但是如果按照這種算法，第二個問題的答案是零。這是多麼荒謬的答案！

這就是典型的線性思維。再拿前文提到的兩個例子來看，可以說**銷售本身就是機率的問題**，一般來說顧客會駐足觀望，大概至少有兩種可能，一種是為了自己，另一種是為了他人，既然這兩種機率都存在，銷售員便不能貿然出擊，擅自替顧客做主或是出主意，不該輕易忽視或是放棄任何機會。

兩個銷售員顯然是受到線性思維影響，腦袋不會轉彎、不夠靈活，思考過於死板，因此白白錯失了良機。在我們的日常生活中，這種例子隨處可見，許多人經常在職場中、生意場上碰到瓶頸，不論多麼努力都無法進步或突破，其中很大的原因，恐怕都來自於這種線性思維的影響。

那麼，該怎麼打破線性思維的制約？方法十分簡單：一個是「暫停」，另一個則是「逆向思維」。**在下結論的瞬間，應該習慣性地按一下暫停鍵，再思考兩三秒：**「萬一我的想法錯了？如果我的想法錯了會發生什麼事情？我又應該怎麼做？」

經過長時間且有意識地加強鍛鍊，假以時日必有收穫。

成交筆記

想打破線性思維造成的制約與影響，要注意兩個關鍵詞：暫停和逆向思考。銷售員不能擅自替客戶做決定，更不該忽視任何可能機會。

97%消費者會隱忍對商家服務的不滿，但不再光顧！

某家世界知名的機構，透過電腦隨機篩選出一千名顧客，並請大批專業的調查人員打電話給他們，詳細瞭解售後服務的具體情況。這一千個顧客都在近三個月內購買新車，調查的結果產生很多耐人尋味的細節。

這個調查採用問卷方式，具體問題都是由專業人士事前設定。調查人員發現，在問答的過程中，雖然大多數的顧客都相當配合，但總是表現得欲言又止。不過，隨著對談越來越深入，顧客逐漸放下矜持、放鬆戒備，慢慢地打開話匣子，此時情況便徹底翻轉。

❖顧客在背後很火大，但你不知道

放下戒心後接受調查的顧客，開始吐出各式各樣的抱怨與吐嘈。其中，被詬病最多的是**銷售員售前與售後的態度，簡單來說，是買前熱情，買後冷漠**。

這個態度的大轉變，以購買作為分水嶺，店家與顧客呈現截然相反的態勢。絕大多數的顧客在購車後的一、兩週內，可能還會接到店家的售後電話，但是過了一、兩個月後，店家基本上完全不搭理這些顧客。

在這個情況下，如果顧客直接向店家發洩不滿和憤怒，事情或許還有挽回的餘地，因為店家起碼能知道自己錯在哪裡。然而，最大的問題在於大多數的顧客不會這麼做，只會把不滿與憤怒藏在心裡，希望這些負面情緒能隨時間的流逝而淡化，慢慢消失於無形。

換句話說，店家將顧客棄之不顧的行為，也會使顧客想徹底放棄店家，並且拒絕再次光顧。

❖97％的顧客和店家互相放棄

這種「互相放棄」的潛在動機和黯淡前景，才是最值得擔心的地方。對於任何一個商家來說，重視售後服務是常識中的常識，但是親臨銷售現場會發現，很少商家將這種常識放在心上。（有關售後服務的環節，詳見第六章內文。）

回到前文提到的調查結果，最後得出以下的結論：**一百個不滿意店家服務的顧客當中，不到三人會公開表現出不滿的情緒**。

根據調查人員的詢問，顧客之所以選擇沉默，是因為心裡根本不抱希望，認為即便說出來，店家也不會在意或解決，無奈之下只好選擇放棄。

不過對店家來說，顧客之所以選擇放棄，背後代表的真實意義才是最大的問題。忽視這個問題，是很多商家在銷售上不見起色的最大原因。

成交筆記

顧客的負面情緒不會隨時間流逝而淡化，銷售員沒發覺顧客沉默背後的真實意義，會造成店家與顧客的互相放棄。

顧客自己也沒察覺的需求，該怎麼引導出來？

商機就是顧客的需求，而顧客的需求則是他們的問題，以及解決問題的方法或路徑。也就是說，成交代表顧客認可這些方法和路徑，並願意用金錢購買。這就是生意的基本邏輯。因此，銷售員必須明白顧客的需求，徹底釐清顧客感到困擾的問題，而這需要具備高超的讀心術。

那麼，該如何掌握讀心術的秘訣？

前文已經說到**銷售員首先要具備提問意識及技巧**，但不可思議的是，許多銷售員既沒有提問的意識，也沒有提問技巧，一廂情願地認為顧客會感興趣，往往在顧客面前自說自話、講個不停。這就是典型幫顧客做主的情況。

但是，到了需要幫忙做決定時，許多銷售員拿不出主意。顧客常常不明白自己的問題，也不清楚自己到底有什麼需求，只是覺得什麼地方不太對勁，所以希望專業人士出面幫忙。但是，很多銷售員沒有完成自己的本分，只會在顧客面前沒完沒了地尬聊。要怎麼避免這個情況？

以下拿汽車銷售作例子，我列舉兩個神秘訪客的角色背景，和銷售員的建議與應對，分析兩者的優劣。

❖該留意的訪客資訊與潛在需求

●神秘訪客甲的職業背景與買車目的

甲是四十幾歲的建築承包商，買車的目的是接送工人上下班。由於必須頻繁地往來公司與工地之間，再加上路況條件不太好，需要一輛底盤較高、輪胎尺寸較大，並且能抗顛簸的中型巴士。此外，訪客甲希望車子的價格更合理、故障率更低，最好可以再更耐用一點。

● 神秘訪客甲的駕駛習慣與興趣

十幾年前，甲是個狂熱的飆車族，隨著年紀增長，加上有了自己的事業不想再冒險，近兩年個性比較收斂，但一樣很熱衷跟車子相關的事情。

另外，甲還是一名很資深的衝浪迷，經常開車到海邊衝浪，即便現在年紀漸長，依然不改這個愛好。換車後，他希望開車帶員工一起到海邊玩，體驗大自然的魅力和衝浪的快樂。

● 神秘訪客乙的職業背景與買車目的

乙是三十幾歲的普通公司職員，妻子剛生第二胎，他想把開了五年的小客車，換成寬敞的家庭休旅車。乙沒有什麼個人愛好，平時用車的目的就是上下班、接送孩子或外出旅遊。

● 神秘訪客乙的駕駛習慣與興趣

雖然乙沒有什麼特殊的個人愛好，但他的妻子是環保人士，希望在日常生活中也可以身體力行。

❖銷售該小心的錯漏與謬誤

以上是兩位神秘訪客的角色背景。在實際的調查活動中，他們受到怎樣待遇？銷售員的表現到底合不合格？

首先，銷售員完全沒有針對這些背景提及任何問題。由於銷售員不發問，顧客自然也不會主動提及，因此**雙方的交流始終是條平行線找不到任何交點**。

對甲而言，汽車的性能、功率數和百公里加速，以及輪胎的抓地力和耐用度等條件，都是能直擊訪客甲的痛點。如果銷售員略懂衝浪，也能和甲簡單聊上兩句，更可以輕鬆打開顧客的話匣子。

對乙來說，儘管他沒有令人印象深刻的個人愛好，不太容易找到共通的話題，但如果加以深入挖掘，還是可以挖到一些痛點。譬如，由於家裡剛添新成員，乙肯定極重視車子的安全性、車內的寬敞和舒適度，以及行駛的平順度、抗顛簸的效能。另外，乙的妻子是環保人士，對車子的油耗、廢氣排放等環保細節，會格外重視。

這些都是顧客的心聲和需求，但是**不擅長提問、甚至完全不提問的銷售員，僅是照本宣科，無法讀懂顧客的心，更難以掌握顧客需求**。

現今資訊發達，要看產品很方便，顧客親自到店裡一定有特殊目的，而成交的秘密就是靠銷售員主動觀察，釐清這些目的是什麼。無論外表上看似多麼隨性的顧客，一旦加以深度挖掘，就能找出一堆欲望、要求、苛求，或是有待解決的問題。

成交筆記

最大限度滿足顧客內心深處的潛在需求，才能創造出顧客和店家的雙贏局面。為了達到這個目的，銷售員要具備提問的意識及技巧。

重點整理

- ☑ 商機就是顧客的需求，而對顧客來說，解決他們的需求就是提供解決問題的方法或路徑。
- ☑ 難言之隱更容易左右顧客的思維和行動，並且會對決策過程和結果產生決定性的影響。
- ☑ 暫停和逆向思考，是打破線性思維的兩個重要關鍵詞。
- ☑ 一百個不滿意店家服務的顧客，只有不到三人會提出反饋。
- ☑ 具備提問意識及技巧，是成為優秀業務員的第一步。

試用的最佳境界、最高技巧，便是把試用變成使用。當極致的試用轉變成極致的使用，顧客買單的決心會更堅定。

第3章

越貼心讓顧客試用，越能讓他買來使用

掌握4組關鍵詞，鞏固客戶買單的決心

什麼是試用的本質？又該怎麼掌握試用的技巧？

簡單來說，試用是促成顧客花錢買來使用的橋樑。當顧客第一次接觸到陌生產品時，總是需要一段時間瞭解和熟悉，而商家的工作，就是創造顧客與產品親密接觸的契機。

❖主動出擊，落實試用效果

「試用」這個環節對任何商家和企業都很重要。但是，試用只能為顧客提供對商品的基本瞭解，使用才能使顧客喜愛和產生依賴。換句話說，試用的最佳境界、最高技巧，便是**把試用變成使用**。

針對這個目標，我提出以下四組關鍵字：

1. 時間與數量。
2. 滿足感與成就感。
3. 使用習慣與使用黏著度。
4. 狹義與廣義。

舉個例子。現在許多汽車展示中心都有個特點，那就是在試駕時，只允許顧客在銷售員的陪伴下，把車開出展示中心外幾分鐘，或在場內繞個幾圈。這麼做當然有點效果。但是，從顧客的角度來看，因為駕駛時間太少、駕駛距離太短，根本難以產生擁有的滿足和成就感。在這種情況下，試用的效果自然大打折扣。

更好的方法是在試駕後，讓顧客把車子開回家享受幾天。這個做法可能會吸引兩種人：**打試駕車歪主意的騙子或是真愛粉**。不過，只要事前做好配套的措施，就能杜絕前一種人。後一種人是超高品質的目標顧客，他們一旦出現，購買機率自然高於辛苦追蹤數個月仍搞不定的客戶。

總而言之，這個做法可以圓滿解決時間與數量的問題，提高顧客的滿足感與成就感，自然而然地轉化成使用習慣與使用黏著度，有利於顧客對產品從粗淺的瞭解，轉變成喜愛和依賴。如此一來，試用會自然地轉化為使用，迅速促成最後的成交。

在現在的日本汽車銷售業界，這種做法相當常見。儘管商家要承擔較大的風險，但是銷售的成果極佳。針對這個現況，我接著說明狹義的試用與廣義的試用有何區別。狹義的試用，是顧客明確知道自己要試用什麼，並主動提出試用的要求。廣義的試用，是顧客不存在既定目標，由店家主動提出試用的邀請。乍看之下，兩者只有一點差別，但是銷售的效果和效益有很大的不同。

在試用時，**商家應該主動展現更多的商品，也就是落實廣義的試用，並設法擴大顧客與商品接觸，最後產生喜愛它們的機會**。

深切明白這個道理的日本汽車銷售員，絕不會被動地等待顧客的既定目標，而是主動出擊，盡可能地讓顧客喜愛上其他有潛力的商品。而且，他們會充分揣摩顧客的心理狀態，穩紮穩打地抓住一切機會，讓效果更加理想。

成交筆記

試用的最佳境界、最高技巧是把試用變成使用。銷售員絕不要等顧客自己愛上商品，應該主動出擊。

為何讓人隨便拿、隨便吃，還能賺大錢？

相信大家對這樣的情景一定不陌生：面帶微笑的漂亮女孩，手裡拿著托盤請人試喝。你曾被吸引或打動過，甚至有直接掏腰包買單的經驗嗎？

❖為什麼試用效果不好？

答案恐怕是否定的。首先，**試喝的量通常很少，很難讓顧客確實瞭解產品，此外，一般人被盯著看時，會覺得不好意思，通常隨便喝兩口就趕緊離開，**數量少、時間短、場面尷尬，銷售的效果當然很差。

那麼，該如何破解這樣的情況？舉例來說，邀請甜點店特地設置商品試用區，免費提供散裝或小包裝的糖果給顧客自取，在數量不限、食用時間不限的情況下，效果會好很多。

下面再介紹把試用變使用的經典案例。我家附近的夜市有個瓜子攤，生意十分興隆，有趣的是，他的攤位前總是聚集不少人，卻沒有幾個真的掏錢購買，大部分的人都只試吃，而且一站就是五、六分鐘，甚至十幾分鐘。

這樣不是在做賠錢生意嗎？我很不明白，後來找到機會和老闆閒聊，才知道他的用意。老闆說，剛提供試吃時，許多顧客只吃不買而且還賴著不走，他會擺臉色或直接把人轟走，結果生意反而越來越差。

後來，他乾脆讓那些顧客盡情試吃，久而久之，顧客便會掏錢購買，而且只會在他這家攤位買瓜子，因為只有這裡能讓他們大佔便宜。瓜子攤老闆運用**顧客愛貪小便宜的人性，變成最大的得利者**。

也許有人會說這個例子不具備普遍性，怎麼可能讓人隨便吃、隨便拿，還能賺到錢？如果別的行業這麼做，一定會慘賠。這種擔憂也有道理，瓜子攤老闆的做法確實存在風險。不過，降低風險、解決質疑的方法也很簡單，就是**限時限量**。

成交筆記

運用顧客愛貪小便宜的人性，透過試用的巧思把顧客變成忠實購買者，就能以低成本賺入大獲利。

利用限時限量，把試用效果發揮得淋漓盡致

所謂的限時限量，具體來說，就是**適時限制免費試吃或試用的數量和時間**，例如：將時間設定為一個小時、數量限制一百個，進而最大限度地降低成本，達到規避風險的目的。

❖在基礎上適度調整，加大限時限量效果

一定會有人認為這個方法太老套，現在很多顧客早就識破店家限時限量的技倆。不過，只要在限時限量的基礎上稍做點調整，還是可以達到相當顯著的效果，例如：

在營業高峰期、人潮最多的時段，進行限時限量的活動。

在傳統的商業模式運作下，當市場趨於飽和、同品項競爭激烈，店家會採取這樣的模式。這麼做有以下幾個理由：

1. 讓更多顧客親眼見證免費試用的過程，卸下他們的心防。
2. 人潮是最佳廣告。
3. 容易形成大排長龍、人人爭搶的局面，由此達到**饑餓行銷**（真倒楣，今天又沒搶到）、**口碑行銷**（那家店免費發贈品，你看這是我剛才搶到的！）與持續行銷（今天沒搶到，明天再來！）的效果，可謂一舉多得。

為了讓各位更容易理解，我們看看這兩家販售自製糕點的小店怎麼做。甲店在靠近店門口的馬路邊，設置一個封閉的玻璃櫃，其中放入許多色彩鮮豔的樣品。老闆本人待在店內不露面，如果路過的客人想買糕點的話，只要朝店內喊，老闆就會拿給顧客。

相當值得玩味的是，乙店也在店門口的馬路邊設置一個封閉的玻璃櫃，其中也放入不少展示樣品，但是封閉的櫃檯旁還有一個尺寸略小的開放式玻璃櫃檯，放入可以吃的糕點，只是尺寸比正常的稍微小一點。

但跟甲店不同的是，乙店讓**顧客可以隨意取用那個開放式小櫃檯裡的糕點，但是，只在每天傍晚，開放一到兩個小時**，這段時間顧客可以盡量吃、儘管拿，即使用購物袋全部裝走也沒關係，直到糕點被拿完為止。老闆一樣也在店內不露面，店內同樣採取開放的營業方式。

這兩家店的做法只有些微不同，但是甲店開業三個月後就關門大吉，如今只剩下乙店，而且沒有任何新競爭者加入的跡象。其實，這兩家店的糕點我都買過，無論做工還是味道都一樣普通，沒什麼特色。只是乙店修改了試吃方法，就輕鬆打垮甲店，還成功防堵後來的競爭者出現。畢竟對新加入的競爭者來說，如果模仿乙店的做法會增加不少成本。

降低風險、控管成本，是許多開店的人都曉得的策略，但有時做生意還需要一點小手段。老套招式只要用得巧妙，一樣可以打敗對手。

成交筆記

人潮是行銷的最佳廣告。適度配合限時限量再做點調整，試用便可以達到相當顯著的效果。

產品越貴越笨重，越適合免費試用，因為……

前面一節我們提到試用，大多著眼在低價的消耗品，像是飲料、食品等。對於高價的奢侈品，例如：冰箱、電視、房子等，還能操作免費試用的銷售策略嗎？答案是肯定的。**免費試用這招在價格相對低廉的日用品上有效，而用在價格相對昂貴的耐用品或奢侈品上，效果甚至更明顯**。

譬如，可以只收押金、不收租金，先讓顧客將冰箱或電視搬回家試用一段時間，一週只限一台。最後，應該很少顧客會把商品退回去。理由很簡單，這類奢侈品或耐用品的體型巨大，而且搬運不便，顧客一旦搬回家使用一段時間，更容易產生滿足感與依賴感，促成最後的成交。不只如此，**因為奢侈品和耐用品的高價和重要性，顧客**

選用這類商品時會更謹慎。

店家推出免費試用，對買賣雙方都有極大的好處。站在顧客的角度來看，可以實際使用一段時間，而且擁有反悔的空間，會覺得更有保障，更容易下定決心成交。對店家來說，不但能提升成交的速度和機率，還可以改善資金周轉的效益，可謂一舉兩得、皆大歡喜。

這個方法與「一週內無條件退貨」的策略很像，但是無條件退貨的前提是顧客已經買單，心理壓力與免費試用還是有很大的不同。

總之，**商品越貴、越笨重，越適合免費試用，因為只有讓顧客更透徹地瞭解商品，才會更快速地轉換成喜愛甚至依賴**。

世界上永遠都有不肖之徒，利用免費的機會造成店家困擾，不過這種人畢竟是極少數，對大多數人來說，嫌麻煩的心態會居於佔便宜的上風。因此，整體來說，免費試用還是利大於弊。

成交筆記

對顧客來說，使用奢侈品和耐用品一段時間後可以反悔，顯現出它們的高價與重要性，更容易下定購買的決心。

從試用變成使用，影集收費平台是範例

想要讓試用發揮最大的效果，除了重視方法之外，也必須講究試用場所，兩者相輔相成才能達到最佳效果。下面來看看這個汽車銷售業的經典案例，我稱它為「寄居蟹」模式。

某些豪華的汽車展示中心，會讓顧客在等待的時間免費使用高級按摩椅。這種按摩椅通常動輒上萬元，價格不菲，但是來逛展示中心的客人，不少人也會把按摩椅買回家，畢竟按摩椅的價錢再高，也不會比高級車昂貴。因為選對了地點，將高級按摩椅放在汽車展示中心的試用手法，變成堪稱一絕的搭配。

關於試用和使用之間的關係，網路上的收費影片平臺是更有代表性的例子。

❖網路平台的試用策略

網路影片已經從過去的免費觀賞，逐漸過渡到現在的收費模式。大多數的網路平臺，都透過有償收視的方式聚集資金，絞盡腦汁想辦法將龐大的流量變現。

許多平臺過去會提供免費觀看，再透過影片中或網站頁面投放的廣告賺錢。隨著時代更迭，現在許多平臺推出加入會員、免費觀看的吸金方式。具體方法是：當新的電視劇上線，平臺會讓你免費收看幾集（根據電視劇的熱門程度，能免費觀看的集數也有所不同），接下來的內容則必須付費觀看。

這是相當聰明的做法。觀眾付費收看的機率非常高，其理由很簡單，如果觀眾連續看了好幾集連續劇，仍未對它產生興趣，即便後面的劇集全部免費，觀眾也看不下去。相反地，一部或許沒有太大興趣的電視劇，連續看了幾集之後，便會產生明確的收視習慣。

這時候，如果突然中斷收看的管道，是一件非常痛苦的事情，於是觀眾大多會乖乖地掏錢買單。這就是將試用變成使用的經典招數。

然而，同樣都是網路平臺，網路電影的形勢就不容樂觀，理由當然不是廣大的網友獨愛電視劇，不愛看電影，而是因為**數量和時間的限制，以及試用品的完整性**。

❖網路電影該怎麼加強試用的誘因？

網路電影的試看時間通常非常短，最長也不會超過十分鐘。也就是說，除非觀眾對該部電影十分熟悉或非常感興趣，才有可能掏錢買單，如果印象普通，觀看欲望也不高，付費看電影的可能性幾乎就是零。

如果降低試看的門檻，讓觀眾多看一段時間再進入收費環節，會有較好的效果，因為觀眾的感受會從粗淺的瞭解變為喜愛與依賴，這一切的關鍵點仍是時間和數量的限制。

這個方法也就是前文提到的：極致的試用會轉變成極致的使用。其背後的原理是：**顧客使用的時間越長，佔有的感覺會越強烈，使買單的決心更堅定**。從另一個的角度來看，這個方法還利用人們天性喜歡佔便宜的性格弱點，讓對方佔的便宜越多越大，便能增加對方上鉤的機率。

此外，網路電影平臺也可以向電視劇借鑑試用品的完整性。電視劇的試用效果之所以理想，分集也是個很大的原因，觀眾可以免費試看其中幾集，每集都是相對完整的故事，這種完整能讓觀眾獲得較多、較大的滿足感和成就感，能強化觀眾把試用變使用的動機。

相反地，由於電影無法分集，如果銷售端想採取收費模式，只能硬生生地切割整部電影，製造試用區間。然而，這種做法極易破壞試用品的相對完整性，傷害觀眾的獲得感、滿足感與成就感，進而弱化觀眾將試用變為使用的動機，影響效果和最後的成交率。這是網路電影平台最大的劣勢。

改變這種局面只有一個方法，是將電影切割得整齊、漂亮一點，確保試用品的完整性和美觀度。具體來說，是效仿電視劇的分集做法，把一部影片分為上、中、下三集，前兩集免費，最後一集收費。

當然，切割必須適度、不宜過頭，畢竟電影不同於電視劇，如果影片被切割得過於瑣碎，將嚴重破壞觀眾的整體觀感，反而會激起他們的叛逆情緒，影響最後的成交機率。

成交筆記

試用方法和試用場所應該相輔相成、缺一不可，唯有做到這點，才能確保最佳試用效果。

重點整理

- ☑ 試用的最佳境界、最高技巧，是把試用變成使用。
- ☑ 數量不限、時間不限的情況下，試用的效果會好很多。
- ☑ 人潮是最佳廣告，適度配合限時限量的方式，可以成為打敗競爭對手的利器。
- ☑ 免費試用的效果，在價格昂貴的耐用品或奢侈品上更為明顯。
- ☑ 試用方法和試用場所要相輔相成。

為每一通電話尋找合適的理由，而且要與顧客的切身利益密切相關，甚至引發他們興趣，才可能有下文，並產生切實的助益。

第4章

如何透過電話「答謝」，讓業績翻倍？

接聽電話注意3重點，才不會錯失銷售機會

很多銷售員可能會忽略，在接打電話時，顧客的耐心遠比我們想像得還差，而且不講道理的負面情緒，會出現得比我們預期得更快。記住這一點，將對「電話行銷」這門功課大有益處。

❖四聲、十一秒過了，顧客就丟了

一般來說，服務業的標準工作流程有三個重點，第一點通常是規定員工必須在電話鈴聲響四聲之內接聽，否則就算違規，將受到相應的處罰。為什麼必須是四聲而不

是五聲呢？

這個規定其實有科學根據。根據調查，顧客打電話給店家時，從撥完號碼到電話接通，最多只能心平氣和地等待十一秒鐘，大約是電話鈴響四聲左右的時間。超過這個時間，顧客就會開始煩躁，可能對接下來的通話過程造成負面影響。

第二點是，即便及時接到顧客的電話，如果無法馬上進入實質對話，而是需要將電話轉接給他人，**顧客能平心靜氣等待的時間最多只有三十秒，超過就會產生消極情緒，影響之後的通話品質**。

事實上，打電話的一方與接電話的一方，在心理感受上有巨大落差，許多後者認為無足輕重的事，對前者來說事關重大。因此，第一線工作人員在接聽顧客電話時，必須格外小心，不能在細節上失分，讓自己輸在起跑線上。

第三點是，在與顧客通話時，必須注意自己的語音、語調。從心理學的角度來看，電話裡的聲音往往聽起來比較生硬，即便你覺得自己的聲音沒有問題，電話另一頭的顧客還是可能對其產生不適感，甚至感到不快。

因此，千萬不要自我感覺良好，要盡可能讓自己的聲音洪亮、熱情、親切一些。

總而言之，溝通時要有意識地調整語氣、語調及語速，更能確保通話品質。尤其，非常多的人會忽略語速的問題。

❖語速太快、用詞失當，小心業務流程撞車失控

一般來說，店家的工作人員在接聽顧客的電話時，常常不自覺地加快語速，於是顧客聽不清楚，就算聽清楚，大腦也跟不上，因此一時之間無法立刻回應。

工作人員的語速太快，可能有兩個原因：一是為了提高效率，以便在有限時間內接聽較多電話，二是對業務和商品的資料習以為常，簡直倒背如流，此時別說顧客的思緒跟不上，工作人員自己說話時可能都沒經過大腦，而是出自於本能反應。

然而，顧客並非員工，他們不會關心對方必須在一定時間內接聽幾通電話，或是在幾秒內完整說出一連串指定的回應，他們只在乎自己的疑問或需求。因此，**工作人員過快的語速容易激怒顧客，尤其是初次來電的顧客**，他們認為店家對自己缺乏尊重，只是想隨便打發。

店家與顧客的第一次接觸非常重要，如果因為輕率的舉動而毀掉寶貴的機會，實在是可惜至極。我們不妨將心比心、換位思考，想像自己身為顧客，打電話給某個完全陌生的店家時，會抱持什麼心態？

在看不見對方的臉，不知道對方是誰，完全不清楚對方脾氣的情況下，任誰都會感到不安和緊張，這是人之常情。

那麼，面對感到不安和緊張的顧客時，銷售員可以怎麼做？應該給予安撫、溫暖，讓對方放鬆下來，進而產生愉悅的情緒，甚至喜歡上你。

顯然，在一通電話裡不容易做到這一切，只有在自己的聲音上下功夫，像是**放慢語速、調高語調、注意用詞，讓態度顯得更熱忱，營造親切的氛圍，才能讓聽者不會對你不耐煩**。

總之，別小看一通電話的細節。銷售員是站在前線的服務人員，接聽顧客的電話更需要情商和技術，這些技能絕非天生，勢必經過刻意磨練才能獲得。

成交筆記

根據調查，顧客打電話給店家時，從撥完號碼到電話接通，最多只能心平氣和地等待十一秒鐘，大約是電話鈴響四聲左右的時間。

欲擒故縱是電話行銷的萬靈丹，但前提是……

明白接聽電話的重要性後，這節我想和各位聊聊如何打電話？多數人其實相當恐懼打電話，因此，真正精明的店家應該針對員工打電話的能力設立門檻，唯有經過嚴格培訓且通過考核的人，才能實際與顧客應對。

❖打電話前先思考3秒，站在顧客角度模擬情境

那麼，第一線銷售人員打電話給客戶，有什麼秘訣呢?首先，千萬不可以盲目地打電話，這樣反而會激起顧客本能的反感，難以取得理想效果。別小看一通電話的效

應，裡面藏有不少學問。其中最大的學問是，這通電話必須師出有名。

換句話說，銷售必須**為每一通電話尋找合適的理由，而且要與顧客的切身利益密切相關，甚至引發他們的興趣**，這樣的通話才可能有下文，並產生切實的助益。

接下來，我們試著找尋每通電話的理由。基本上，理由主要有兩個類別，一類與工作業務有關，一類則完全無關，以下先討論與工作業務無關的理由。我們再以汽車銷售業為例，模擬日常工作中的通話場景。

某對夫妻曾造訪過某家店，因為感覺還不壞，丈夫在離開前留下自己的電話號碼。幾天後，當天負責接待的銷售員打電話給他。電話響了四聲後——

銷售員：喂，請問您是某某先生嗎？您好，我是某某汽車的銷售員小李，感謝您上次來光顧我們展示中心。

顧　客：哦，是小李嗎？我想起來了，請問有什麼事嗎？

銷售員：是這樣子的，上次您和夫人在我們展示中心看的那款車，現在已經出廠了，而且我們最近正在舉行大規模的促銷活動，當月購車可享八折優惠！現在正是買車的好時機，不知您和夫人商量得如何？最近有購車的打算嗎？

顧　客：哦，原來如此。我們現在還沒決定好，想要再多看看其他的車款。等我們確定後，我會主動通知你。

銷售員：啊呀！別再猶豫了，這個機會真的很難得，現在這款新車都被懂車的行家瘋搶，再不買就沒貨了。我特別幫您預留上次您有興趣的那輛，但只能先保留一段時間，您趕緊和家人商量看看，儘量早點做決定，否則可能要賣給其他有興趣的顧客。

顧　客：謝謝你的好意，不過我們真的需要時間考慮，如果你實在不方便保留，可以先賣給其他客人。

銷售員：哦，這樣啊，那好吧，等您想好之後再和我聯繫。打擾您了，再見！

顧　客：好的，等我想好會再打給你，再見。

看完這段對話後，有什麼感覺？正所謂「司馬昭之心，路人皆知」，儘管**銷售員試圖讓顧客衝動購物，但這一招實在太過泛濫**，簡直讓人嗤之以鼻。總之，想運用這樣的招數誘使顧客上鉤，成功機率幾乎接近於零。

許多銷售人員即便知道這是個爛招式，且成功率非常低，仍然樂此不疲，不斷飛蛾撲火般勇於嘗試，同時挑戰顧客的心理底線。究其原因，恐怕是因為銷售員的招數太少、思維狹隘所導致。

❖只想著業績，電話被拉黑有一半是自找的

我們不妨換位思考，如果你是顧客，每次都接到明顯是要推銷的電話，一張口就想要錢（對顧客來說，推銷就代表要錢），你會怎麼想？肯定會感到心煩，認為對方太過猴急。

難道銷售員與顧客之間，除了赤裸裸的金錢交易之外，無法發展出其他關係嗎？答案顯然是否定的。**銷售員與顧客之間，不僅有業務方面的話題，還有很多可以談的**

事情，畢竟沒有哪條法律規定，銷售員打電話給顧客一定是為了談業務。接下來，我們嘗試另一種通話方式。

銷售員：喂，請問您是某某先生嗎？您好，我是某某汽車的銷售員小李，感謝您上次來光顧我們展示中心。

顧　客：哦，我想起來了，請問有什麼事嗎？

銷售員：是這樣子的，上次您和夫人來我們展示中心看車時，夫人的臉色好像不太好，據說胃不太舒服。我當時給她倒了杯熱水，她喝下之後說好多了，但我後來發現她的臉色還是不太好，一直沒有恢復過來。不知道夫人回家休息一段時間後，有沒有好一點？不好意思打擾到您。我只是想瞭解夫人的近況，讓自己能放心一點。

顧　客：沒想到你還一直惦記這件事，連我自己都快忘了！她那天回家後還是不太舒服，之後吃了點藥、休息兩天，現在已經沒事了。

銷售員：是嗎？真是太好了！我總算可以放心。祝福您和夫人生活幸福、身體安康。打擾您了，再見。

顧　客：你今天打電話來就是為了這件事嗎？沒有其他的話要說？

銷售員：沒有別的事情了，我只是想問候一下您跟夫人而已。

顧　客：哦，是這樣，那上次我們去看的那款車，你們展示中心目前已經有車出廠了嗎？

銷售員：當然有啊！貨很充足。

顧　客：太好了，我和我老婆還在商量，想再去別家店繞一繞，看還有沒有其他車型適合我們。不過，我們還是比較傾向於買你們那款車，也許近期還會再去看一次。

銷售員：非常歡迎！不過，買車不是小事，一定要多方比較，挑選一輛最適合您家用的座駕。買普通的商品都要貨比三家，何況是買車。您儘管多看看，我在車子方面算是比較內行的人，應該能幫助到您。所以，您去其他店家看車時要是有什麼不明白，或是讓您感到猶豫的地方，千萬不用介意，儘管來問我，我一定知無不言、言無不盡。

顧　客：好的，請您放心，我有事情一定會問你。再見。

銷售員：再見！

看完這段對話，你的感覺又是如何？你這次應該會讚嘆這位銷售精湛的話術。銷售在這通電話裡使用的話術很簡單，無非就是欲擒故縱，這招在銷售業中堪稱萬靈丹。當然，前提是你要真正抓住要害，戳中顧客的痛點。

在上述案例中，顧客真正的痛點顯然不是買車，而是家人的突發狀況。第一個對話的動機過於明顯，不容易形成有效的痛點，如果銷售猛戳這一點，往往會適得其反，欲速則不達。

相反地，第二個對話則具有偶發性、突然性，卻又真實存在、合情合理，因此容易形成有效的痛點。只要針對這個痛點集中火力攻擊，常常會得到立竿見影、事半功倍的效果。

成交筆記

銷售員與顧客之間，除了業務方面的話題，還有很多可以談的事情，前提是要真正抓住要害，戳中顧客的痛點。

你不要欠客戶人情，而是讓客戶欠你人情

❖以退為進，不談業務就成交的超級業務

從上一節的例子可以發現，銷售的真正秘訣在於找到有效的痛點，而這需要銷售員發揮高度的洞察力，並運用強大的情商，以達到「意料之外、情理之中」的效果。

如果一來就談業務，往往會讓顧客覺得「意料之中、情理之外」，成功的機率自然不高。因此，工作業務或推銷都不是有效的切入點，甚至應該盡量少談點業務，多談些其他的事情。

當顧客接到可能要談業務或推銷的電話時，通常會先做好心理準備，甚至已經將

自己武裝好，等著對你迎頭痛擊。這時候，如果銷售員虛晃一招，完全不談業務，他們便頓失重心、茫然失措。一般來說，在這樣的心理狀態下，顧客反倒會主動跟你談業務，試圖重新找回丟失的重心。

即使顧客沒當場做出這種反應，他們也會有種意猶未盡的感覺，並在日後主動尋找與你談業務的機會。當然，前提是做法要巧妙、到位，並能觸動顧客的心，讓他在不知不覺中乖乖就範。

最簡單且效果顯著的方法，是關心顧客的家事、私事，或是連顧客自己都不曾關心的細節，讓他們心生錯愕。這份錯愕往往會戳中並觸動他們的心，之後轉化為某種感動，進而使他們日後主動找上門來，急著找你談工作業務。

這才是真正的良性互動，退一萬步講，即便顧客永遠不主動採取行動，這樣的心理互動也大有裨益，至少比強硬推銷產品給顧客更靈驗。只要不輕言放棄、持之以恆，不斷地故技重施，最後的成功率與成交率一定不低。

❖人情是壓力，也是有利工具

歸根究柢，銷售是個以錢換情的行業，因此情商非常重要。其實，盡量**提供顧客最優質的服務，盡其所能地關心顧客，終極目的是為了讓顧客欠人情**。只要成功做到這點，便能輕易擄獲顧客，畢竟大多數的人都不喜歡欠人情，會主動尋找償還人情的機會。

但是，銷售員常常反其道而行，總是欠顧客人情，所以才會屢戰屢敗，永遠顯得底氣不足、抬不起頭來，只要一談到業務，不是採取乞求裝可憐的形式，就是強迫推銷，而且糾纏不休。如果不打破這個惡性循環，不可能找到真正的出路。

情商說難卻也很容易，有心便可以隨時迸發高情商的靈感火花，以下再提出兩個與情商有關的話術技巧。

銷售員：請問您是某某先生嗎？您好，我是某某店的銷售員小李，感謝您上次來光顧我們店。

顧　客：哦，是小李嗎？我想起來了，請問有什麼事嗎？

銷售員：是這樣子的。上次您和夫人來我們店看車的時候，外面好像下雨了，您和夫人都帶著雨傘，但我有些記不清，因此想和您確認一下。

顧　客：沒錯，我們去的那天有下雨。

銷售員：事情是這樣子的，我在展示中心發現一把雨傘，黃色的底、黑色的花紋，我問遍公司同事，他們都不知道這把傘是誰的，我想可能是顧客遺失的，因此特意打電話想問問您。

顧　客：哦，原來如此，但那把傘應該不是我們的。

銷售員：這樣啊……好的，我明白了。那我再打給其他顧客問問，不好意思打擾您了，再見。

顧　客：哈哈，你今天就是為了這件事打給我嗎？

銷售員：是呀，最近是雨季，身邊沒帶傘很麻煩呢！而且這把傘很漂亮，所以想盡快找到失主。

顧　客：你真是細心，服務態度簡直沒話說。那我就不打擾你了，祝你早點找到雨傘的失主。

銷售員：好的，謝謝。再見。

顧　客：再見。

請注意，這段對話中的雨傘既可以是真實存在，也能是人為杜撰。不過，運用這個話術時，需要強大的觀察與、歸納和總結能力。總而言之，**最終的目的只有一個，就是力求讓顧客感到意料之外、情理之中**。

我們同樣用上述場景為例，看看如果像以下這樣通話，會有什麼效果？

銷售員：請問您是某某先生嗎？您好，我是某某店的銷售員小李，感謝您上次來光顧我們店。

顧　客：哦，是小李嗎？我想起來了，請問有什麼事嗎？

銷售員：是這樣子的。上次您和夫人來我們展示中心看車的時候，夫人提到朋友遇上合約糾紛，希望找到可靠的律師幫忙。剛好，我父親認識某家知名律師事務所的所長。不知道夫人是否找到了律師？如果還沒找到的話，那位所長應該能幫得上忙，不知您願不願意考慮一下？

顧　客：是嗎？那真是太好了，我正擔心找不到人！老實說，我倒是見到幾個律師，但是都不太合適。而且他們表現得沒有那麼熱情，如果你能介紹一個可靠的律師，那真的是求之不得！

銷售員：是嗎？那真是太好了。您放心，那位所長相當專業而且敬業，口碑非常好。如果覺得他不合適，事務所裡還有其他律師，也都非常不錯，相當有經驗，到時再讓他介紹幾個律師給您，應該不成問題。

顧　客：太好了，你真是幫了我們大忙！這件事如果能成，我請你吃飯。

銷售員：您是我的客戶，能幫上忙是我的榮幸，怎麼還讓您請客呢！

顧　客：對了，買車的事情我們正在考慮，感覺她還是傾向買你們家裡的車款。我再和她商量看看，最近可能會再到你們展示中心裡去。

銷售員：非常歡迎！不過，買車不是小事，一定要多方比較，挑選一輛最適合您家的車。買普通的商品都要貨比三家，何況是買車。我在車子方面算是比較內行的人，應該能幫助到您。所以，您去其他店家看車時，要是有什麼不明白，或是讓您感到猶豫的地方，千萬不用介意，儘管來問我，我一定知無不言、言無不盡。

顧　客：沒問題！真是太感謝你了，還這麼關心我們的事情。

銷售員：您太客氣了，您是我的客戶，當然要關心。那我就先不打擾您，有事再聯繫我，再見。

顧　客：好的，再聯繫。

以上案例就是典型「讓顧客欠自己一個人情」。一般來說，在這種案例中，雙方會產生酒逢知己千杯少的感覺，對話氛圍會迅速熱絡，彼此想說的話越來越多、越來越長，直至欲罷不能、難捨難分。如此一來，可以迅速拉近雙方的心理距離，之後的事情就變得容易許多。

法國的雕塑家奧古斯特．羅丹（Auguste Rodin）有句名言：「生活中不是缺少美，而是缺少發現美的眼睛。」不妨從今天開始，培養一雙善於發現的眼睛，去尋找生活中的美和機會吧！

成交筆記

銷售的秘訣在於找到有效的痛點，而這需要銷售員發揮高度的洞察力，並運用強大的情商，以達到「意料之外、情理之中」的效果。

這樣打電話回訪客戶，無法吸引他們再上門！

現在，對於一通電話所包含的學問，你是不是已經有概念了？前兩節談到如何透過與業務無關的通話，讓顧客對你產生絕佳好感，接下來我們談論與業務有關的話術技巧。

❖業務的回訪電話要慎重，不能盲目隨機

首先，你必須明白一個鐵則，並且無條件遵守：**這類的業務電話必須打給既有顧客**。也就是說，顧客至少與你有一面之緣，而且對產品有初步的興趣，或者你至少瞭

解對方的價值取向、興趣愛好等私人資訊，才能達到有的放矢，不至於師出無名。

反過來說，對於你從未謀面，沒有掌握任何有效資訊的顧客，幾乎不用打業務電話，因為這只會成為騷擾電話，不用指望有實質進展。

❖不能用答謝電話強行推銷

那麼，在打業務電話時，可以借鑑什麼方法或具體技巧呢？我們先談談答謝電話的重要性。**答謝電話指的是顧客來店後，銷售員當天的回訪電話**。

在服務業中，有不少企業會要求銷售員，在顧客離店後，致電表示謝意。表面上來看，這是很普通的禮節，但如果你只把它視為一種禮貌，表達謝意後立刻掛斷，未免太可惜。

無論如何，答謝電話是店家與顧客之間很寶貴的接點，如果深度挖掘其中的潛在價值，將對業務進程產生積極的影響。那麼，具體上該怎麼做，才能有效達成這個目的呢？

為了讓答謝電話創造顧客再次來店的機會，電話內容的核心和具體話術，都要圍繞著如何讓顧客再度光臨。我們再次以汽車銷售業為例，詳細分析其中的技巧。某家車展中心週末舉行一場促銷活動，在活動結束當晚，銷售致電給顧客表示感謝，以下是他們的通話內容：

銷售員：請問您是某某先生嗎？您好，我是某某汽車銷售員，感謝您今天在百忙之中蒞臨本店。

顧　客：你太客氣了，還特意打電話來，真不好意思。

銷售員：哪裡哪裡，這是應該的。對了，我想順便問您，今天在店裡談的那件事，您考慮得如何，和家人商量過了嗎？

顧　客：不好意思，我還沒時間和家人商量。

銷售員：哦，這樣子啊，我明白了。今天我向您介紹的產品是最新款，最近好多人打電話來詢問，請您也盡快考慮，不然我怕會賣斷貨。

顧　客：好的，我會盡快考慮。

銷售員：那就再多多拜託了！另外，我們下週末將還會舉辦促銷活動，推出更多優惠方案，如果有時間的話，希望您能再次光臨。如果那時您和家人已經考慮得差不多，也可以當天來購買搶便宜。

顧　客：放心，如果我決定購買你們的產品，到時候一定會過去。

看完這通答謝電話的具體內容，你有什麼感覺？是不是隱約覺得哪裡不太對勁？

實際上，在銷售現場經常可以聽到類似的答謝電話。正如前文所說，**這通電話的功能不只有答謝，還要能為接下來的業務談判牽線，為顧客創造再次來店的契機**。很顯然地，上述案例中的銷售員在這方面表現欠佳，一定會帶給顧客負面觀感。

基本上，那位銷售員只做到表面答謝，之後的行為幾乎是一面倒的強買強賣，強迫他人無條件接受自己的要求，沒考慮到實際情況與顧客心理感受。如果銷售員每一通答謝電話都這麼打，想要讓業務成交，簡直是天方夜譚。

成交筆記

答謝電話是店家與顧客之間寶貴的接點，若能深度挖掘其中的潛在價值，便能對業務進程產生積極的影響。

善用4技巧打電話答謝，業績至少翻倍跳

許多第一線的銷售員總是認為，銷售是東西賣出去就結束了，於是他們手上的客戶名單常常會變成廢紙。那麼，真正的銷售高手會怎麼做呢？

銷售高手會在答謝電話中，再次確認顧客在店裡與自己談判時，提出的幾個重點內容。也就是說，他們會重新回憶顧客當天說過的話，並有系統地整理一遍，然後從中抽取幾個要點，在電話中向顧客複述。

顧客聽後會心想：**「這個銷售員居然還記得我說過的話，有些細節連我自己都忘了，看來他確實很重視、尊重我，是個值得信賴的人。」**只要能讓顧客這麼想，一切便有轉機。

以下簡單將列出答謝電話的四個技巧：

● 技巧1：回顧當天的商談內容。

前文已大致描述第一個技巧，重點在於，銷售員能否有效縮短自己與顧客的心理距離，消除業務電話中「強買強賣」的色彩，進而去除顧客對銷售員的潛在對立情緒和警惕感。換句話說，這種通話方式更能讓顧客覺得：銷售員與自己是站在相同的立場。

只要顧客萌發這種感覺，銷售員便有機會走進顧客的內心世界，得以理解他們的煩惱和問題。如此一來，顧客不會感到孤獨無助，相對地，銷售員也能獲得顧客的信賴。

● 技巧2：再次確認遺漏資訊。

落實第二個技巧的好處，就是透過向顧客提問，可以進一步挖掘他們的潛在需求。舉例來說，可以簡單地對顧客說：「記得您曾說過，下次來店的時候，夫人想看看小排氣量的車型，當時忘記問夫人感興趣的車型有哪些？她平時也開車嗎？開哪種車型？是平日上下班開車，還是假日也會自駕出遊呢？」

透過類似的話術，可以輕易取得之前沒確認清楚的資訊，這是答謝電話第二個技巧的最大功效。

● 技巧3：溝通下次面談的主要內容，並達成共識。

答謝電話的四個技巧有助於促進談判進程，只要能走到這一步，後面的事情便水到渠成了。答謝電話的第三個技巧是，溝通並確定下次見面的主要內容。由於得到新資訊、新內容，便能進一步提升下次商談的重要性及價值。

再以前文的對話為例，可以進一步溝通：「我明白了！原來您夫人平時開的是這款車。剛好我們店裡也有相同排量與款式的車型，希望您下次能和夫人一起過來，我會提前準備好試駕車，讓你們好好體驗，並與她現在的愛車比較一下，看看有什麼不同。我對我們的車很有信心，相信夫人一定會感到驚喜！」

●技巧4：確定下次面談的具體時間。

最後，則是敲定顧客下次來店的具體時間，這是答謝電話的第四個技巧。前面已詳細介紹過具體話術，這邊不再贅述，最重要的是在銷售現場中實踐。

在銷售現場中，能切實貫徹這四個技巧的銷售高手，基本上都會養成做筆記的習慣，仔細記下與顧客對話的重點。隨著科技進步，許多人認為錄音又快又詳盡。但真正的銷售高手很少這樣做。

理由很簡單，銷售員當場做記錄的行為，容易讓顧客覺得被尊重，而且親自筆記可以加深印象。此外，銷售現場通常相當嘈雜，錄音效果不佳，長時間的對談內容，不易淬鍊出真正的重點。因此，想成為真正的高手，絕對不要偷懶。

成交筆記

答謝電話有四個技巧：一、回顧當天的商談內容；二、再次確認遺漏資訊；三、溝通下次面談的主要內容，並達成共識；四、確定下次面談的具體時間。

重點整理

- ☑ 4聲、11秒內接聽電話，是服務業標準工作流程的重點。
- ☑ 業務電話最大的學問，是要師出有名、不能盲打。
- ☑ 銷售是以錢換情的行業，因此培養情商至關重要。
- ☑ 有效的答謝電話，可以創造顧客再次來店的機會。
- ☑ 理解和掌握答謝電話的四個技巧，能讓銷售業績至少提升兩倍。

顧客資料是一切銷售活動的起點。能否掌握客戶資訊攸關成敗，掌握充分資訊後，顧客就會是你的。

第5章

超業都善用「顧客介紹顧客」，你呢？

將顧客分類或是差別對待，是最大的惡習

在服務業中，深度挖掘客戶資源，可以帶來相當可觀的回報，因此其他行業也會請客戶填寫基本資料。千萬不要小看這張資料，它是一切銷售活動的起點，因為能否掌握客戶資訊攸關成敗。

如果能掌握充分的資訊，即使顧客離開銷售現場之後，你仍然有跟進的機會。但如果沒有確保足夠的資訊，顧客就是別人的，因為你沒有任何可以跟進的線索，顧客來了等於沒來，實際上失去許多顧客。

❖檢視手中的客戶資訊，你發現多少空白？

許多銷售員會花費一番口舌，取得顧客個人資料，有趣的是，之後卻完全不重視。根據某家權威調查機構的數據顯示，在顧客離去後，不到三〇%的銷售員會電話追蹤，這個結果真是令人大感意外。

為什麼銷售員煞費苦心，請求或懇求顧客留下個人資訊，事後卻冷淡對待這些資訊，甚至棄之如敝屣呢？

根據我在銷售業界打滾多年的經驗，可能是因為許多店家督促銷售員，要求他們必須拿到客戶資訊，甚至計算客戶資訊留檔率，並且嚴加考核。於是，員工為了避免受罰，紛紛使出渾身解數，不惜一切手段也要留下客戶資訊。

曾有銷售員說服我留下個人資料，在我填表時反覆強調這是公司規定，並一再保證：「這只是填表給高層看而已。放心，我不會打電話給您，也絕不會打擾您！」由此可見，客戶資訊已成為應付的手段。

另外，精力分配也是問題。一般情況下，銷售員每天能接待大約十個客戶，一路累積下來，應該能取得數百、甚至上千名客戶的資訊。新人尚且如此，更不用說工作數年的老員工，恐怕已經蒐集成千上萬筆客戶資訊。面對如此龐大的資訊量，確實難以要求銷售員全部持續追蹤。

另一方面，**銷售員之所以對個人資訊如此冷淡，最大的原因是挑客戶的心理在作祟**，這也是銷售業界常見的弊病。簡單地說，員工會對接待過的顧客打分數，然後按照對方的購買欲望、成交機率高低來分類。分數越高的顧客，員工會下越大的功夫，反過來也是如此。

很顯然地，從機率的角度來看，分數高的顧客永遠是少數中的極少數。因此，在顧客留下個人資訊後，只有極少數人會接到店家的電話，大多數人則會被店家冷落，甚至徹底遺忘。

❖沒有低水準的顧客，只有標籤取向的業務

說到這裡，也許有人會想問：「顧客分類有什麼不對？每個人的精力和公司資

源都有限，把有限的資源集中到成交率更高的顧客身上，不也是種高效率的工作方式嗎？」

從實務結果來看，我堅定認為將顧客分類或是差別待遇，絕對是銷售業的最大惡習。這種的做法往往導致巨大的潛在損失，結果平白從指縫間溜掉的天文數字，通常是驚人的銷售機會。

舉個簡單例子，**高水準顧客的成交率約莫是五成，而低水準顧客的成交率一般是一成**。從表面上看，前者確實優於後者，但是**前者的數量太少，往往不到一成，後者的數量極多，通常會超過九成**。**這樣算下來，五個低水準顧客的成交率，相當於一個高水準顧客**。

換句話說，如果全力以赴抓住低水準顧客的心，最後的成交數量（業績），將會是只抓高水準顧客的兩倍！這就是螞蟻雄兵的道理。不僅如此，如果繼續堅持在顧客身上貼標籤，還會有更危險的陷阱，是很可能貼錯標籤。

日常生活中，經常會發生誤貼標籤的狀態，明明對方是真正的高水準顧客，你卻貼了低水準的標籤，反而把真正的低水準顧客當成寶貝。因此，無論你暗自為顧客定下多少標準，都只能當成參考數據，而且往往不會過於靈驗。

換句話說，除非每個進店顧客都在自己頭上貼標籤，否則難以單憑三、五個標準，就準確判斷出哪個顧客的購物水準高，哪個水準低。再加上，**顧客的購物水準是高是低，也與銷售員的個人努力與職業素養息息相關**。

話說回來，銷售員應該避免遺漏任何顧客的個人資訊。以汽車銷售業為例，假設低水準顧客的平均成交率為一成左右，如果公司每天平均遺漏（放棄）十個顧客，等於平均每天放棄一輛車的銷售機會。這樣算下來，公司每個月將放棄三十輛車，每年放棄將近四百輛車，絕對是一個天文數字！

由此看來，老闆與高階主管應該好好反思，銷售是件積少成多的工作，必須認真貫徹「勿以善小而不為」的原則。否則，任何細小的縫隙，都會造成沙子慢慢流失，無意間侵蝕你的勞動果實，最終讓你一無所獲。

成交筆記

顧客資料是一切銷售活動的起點。銷售最大的惡習就是給顧客貼標籤，真相是沒有低等級的顧客，只有低等級的銷售。

放棄小額消費的顧客，等於放棄巨大的商機

一個人的精力有限，就算有員工敬業地問候所有留下資料的顧客，一天必須打多少通電話、接待多少個客戶？如此頻繁地撥打電話，難免會想敷衍了事。最後，當然不可能提升成交率，簡直是吃力不討好。

那麼，在人力不足的情況下，該如何做到對顧客雨露均霑呢？我認為問題的癥結依然出在老闆身上。理由非常簡單，對老闆來說，開店就需要招攬顧客，也需要有人持續追蹤，而老闆明知人力不夠，就必須多雇用員工，這才是正常邏輯，但大多數老闆卻寧可省下不該省的錢。

當然，我能理解老闆不願意多雇用員工的苦衷，因為會增加經營成本，所以難免

本能地反感和排斥。**增加經營成本的前提是只增加成本、不增加效益，然而在服務業中，深度挖掘客戶資源，能帶來可觀的回報。**因此，如果經營困境的癥結，在於沒充分利用客戶資源，那麼增加人力會是正確的選擇。

❖引發饑渴感，衝高銷售業績

說到這裡，我想向各位分享某位前輩的故事，相當具有啟發性。前輩年逾花甲，從業經驗豐富，在汽車銷售業服務將近半個世紀後退休，又進入上海，管理美系品牌的汽車展示中心。

這家店每個月能賣出將近兩百輛車，令業界同仁嘆為觀止，這位前輩是怎麼做到呢？是運用人海戰術。一般來說，在中等規模的汽車展示中心，銷售員大約有十五位，極少會超過二十人，然而，這位前輩管理的展示中心裡，居然有四十多位銷售員，簡直跌碎所有同行的眼鏡。

銷售員的收入往往具有極大彈性，如果每個月無法賣出一定數量的車，難以保證基本生活。前輩管理的展示中心也是如此，他規定銷售員每月至少要賣出六輛車子，照理來說，這個數字對一般銷售員來說只是平均線，並不難做到，但是這家店有四十多位銷售員，要達成目標絕不容易。

因為僧多（員工多）粥少（顧客少），每個人能接待的顧客極為有限，每位銷售員珍惜顧客的程度便可想而知。無論在店內接待顧客，還是事後的電話追蹤，每位顧客都被照顧得無微不至。

而且，公司要求銷售員，只要顧客走進店裡，必須盡量留下個人資料，即使來借廁所的人也不能放過，甚至規定：只要遺漏一個客戶資訊，便無條件罰款五十元，不接受任何理由辯解。

這項規定嚴厲得不近人情，而且不可能實現，畢竟不是所有顧客都願意留下個人資料，無論銷售員的話術多麼高明，總會有力所未逮、出現漏網之魚的時候。因此，一般店家通常會留下轉圜的餘地，給員工一些空間。

但是，這家店居然真的要求員工百分之百留下客戶的資訊，完全不留餘地。也就是說，幾乎所有員工都會受罰，而且每個月都會面臨這個狀況，差別只有程度上的不同。為什麼員工還能甘之若飴、毫無怨言？

首先，**前輩給的抽成條件非常優渥，幾乎是業界水準的兩倍之多。而且，每位員工平分到的客戶資源有限，因此會有種常態化的饑渴感**，便不會覺得公司的要求過於苛刻。

此外，由於銷售員可以拿到很高的抽成，罰款的目的是提醒員工要隨時繃緊神經，對他們來說只是一種形式，並不會帶來太嚴重的經濟損失。總而言之，這種做法帶來的收穫相當可觀，值得品味借鑑。

成交筆記

經營困境的癥結，往往在於沒充分利用客戶資源，人力不足的情況下，銷售員無法做到對顧客雨露均霑，增加人力會是相對正確的選擇。

為何會出現「浪費客戶資訊」的現象？

一般來說，向顧客索取資訊的最佳時機，應該是銷售員與顧客的關係漸入佳境時，既不能太早，也不宜過晚。如果同時面臨大量顧客需求，在公司人力不足的情況下，可以考慮借助協力廠商或內部其他部門的力量，來解決問題。

❖疏解待客壓力，轉交工作或外包業務

在僧少肉多的情況下，兼顧大量客戶資訊的最佳方法，具體來說，是銷售員從氾濫的客戶資訊當中，拿出一部分交給其他部門的同事。如此一來，能有效解決銷售端

精力不濟，造成客戶流失的問題，還可以解決其他部門工作閒置的問題，可說是一舉多得。

將大量業務外包出去的銷售員是最大的受益者，因為外包的工作內容大部分都被視為雞肋，甩掉它們就能盡情挑客戶。也就是說，出現接手者可以充分保證公司的利益。不過，如果接手者的部門也出現工作強度過高、工作密度過大的情況，唯一的解決辦法仍然是增加人手。

我向各位介紹一個真實案例。我剛從事銷售管理工作時，某次無意中查閱業務部門的電腦資料，赫然發現客戶資訊存在巨大的浪費問題。在留下個人資料的顧客當中，大約有七成的人從未接過銷售員的追蹤電話，因此在這些顧客二次來店之前，資料等於徹底流失了。

而且，在剩餘的三成顧客當中，通常只有一半的人曾接到來自公司的業務電話，更離譜的是，即便是曾接到兩通以上業務電話的人，一個月後就幾乎接不到電話。其中，只有極少數的顧客，才可能被員工追蹤兩個月以上。但是，這些被員工長期跟進的顧客，最終成交的機率根本不到三分之一。

這是非常典型靠天吃飯的模式，它意味著員工的工作效率極低，而這樣的工作方法和工作效率絕對不可能被接受。於是，我準備出招整治這種亂象。經過一番縝密的策劃，推出一系列新制度、新規定。首先，**員工的業務電話必須無條件實現全覆蓋，並且保持一定的密度和強度**。

新制度實行一個月後，情況果然出現變化：員工的業務電話打得更勤、更密集，基本上實現我所說的全覆蓋。然而，儘管新制度推行一陣子後看起來收到效果，但業務部門的成交率並沒有明顯改善，甚至還有下滑的跡象。

這令我十分納悶，百思不得其解。在我實際跟進調查，與幾個員工談過、傾聽他們的心聲之後，我終於找到問題的癥結所在。

- **負荷太重，沒有精力顧及細節**。

客戶數量的膨脹速度極快，而成交的速度則緩慢得多。在這種情況下，員工焦頭爛額，根本沒有精力考慮業務電話的品質和細節。

- **當一天要打幾百通電話時，打電話的時機就變成一大問題。**

由於任務量過大，導致大量的業務電話總是在顧客不方便時打過去，而這種電話往往會招致反感，引發顧客本能的拒絕反應，事實上員工等於在做白工。

- **高負荷以及高失敗率，給員工帶來巨大的挫折感。**

於是，迴避心理挫傷的本能，又迫使員工在做客戶追蹤時，選擇敷衍了事的方式，省得為自己找麻煩，讓自己不開心。

下一節裡，我們看看在人手有限的情況下，該如何經營大量的潛在顧客。

由於過高的要求和過強的負荷，業務節奏被徹底打亂，雖然人的潛力是挖出來的，但也不能蠻幹，該怎麼解決這個新問題？

成交筆記

索取客戶資訊的最佳時期，應該是在銷售員與顧客的氛圍漸入佳境時，既不能太早，也不宜過晚。

實行2規則，以有限人手經營大量潛在顧客

為了徹底扭轉被動的局面，改變因為要求過高和負荷過強而產生的副作用，我重新調整策略：**第一線銷售員採取自主申報的方式，將自己無暇顧及的客戶資訊，轉交給客戶服務部（以下簡稱客服部），讓後者負責追蹤跟進**，銷售員只需要留下自己有把握、願意跟進的客戶資訊。

另一方面，因為客服部員工付出很多心力，幫助第一線員工，如果最後能夠成交，銷售業績抽成將由雙方分享。如此一來，不但能圓滿解決許多既有問題，還能創造出新的工作職缺。

然而，在解決舊的問題時，我們必須處理兩個新浮現的問題：

1. **銷售員將客戶資訊轉交給客服部時，態度不情不願**，或是刻意動手腳，強行留下自己無暇顧及的客戶資訊，再次造成潛在浪費。

2. **銷售員乾脆把客戶資訊全部交出去**，樂得切割乾淨，也不在乎與客服部員工分享業績。於是，在顧客進入店裡後，銷售員只做最簡單的例行交流，就把剛得到、熱騰騰的客戶資訊立刻轉給客服部。

但是，上述兩種情況都是不被允許的，因此我又推出兩個新規：

1. **每個第一線員工手中的客戶資訊，必須繳給部門經理一份備案**，該備案由後者負責監督管理。而且，資訊的更新必須即時、全面，不得有任何拖延和遺漏。

2. **每個第一線員工留下客戶資訊後，必須親自追蹤跟進一段時間**，如果需要交接資訊，也必須徵得部門主管的同意。沒有部門主管的簽字，客服部可以拒絕執行，並將資訊退還給業務部。

在上述新規實行後不出半年，客戶資訊流失的現象確實得到有效的控制，我再接再厲，透過整理經典話術、推廣模範案例、解析失敗案例等方式，強化內訓工作，提升客服部跟進電話的話術技巧。最終，順利地將成交率再提高兩、三個百分點。

❖留客戶有多難？要謹慎像抓住手上的金沙

或許有些銷售員會不太服氣，發出這樣的質疑：雖然客戶資訊確實是重要資源，留檔率自然是越高越好，但是要讓顧客願意留下個人資料，並非簡單的事。他們會借用所謂的「抓沙子」理論來辯解：有時不是我們不想抓住沙子，而是沙子太滑太細，根本就抓不住。

銷售員總會以顧客太難搞、太難纏為由，試圖把所有責任都推給對方，卻不找出自己的問題。然而，專業銷售員的存在價值，應該是有本事搞定難搞的顧客。如果迴避這件事，便不配當專業人士。

那麼，在獲取客戶資訊、提高留檔率的任務上，銷售員該怎麼做？

成交筆記

專業銷售員的存在價值，應該體現在有本事搞定難搞的顧客，設法有效控制客戶資訊。

怎麼向顧客攀談，一次就取得實用資訊？

在本節中，我們進一步談論，銷售員如何搭訕顧客、取得客戶資訊、提高留檔率。業界普遍有兩種不同的觀點，一種觀點認為，最好在顧客進店時索取客戶資訊，否則他們很容易心生反感，十之八九會拒絕。

還有一種看法與這個觀點完全相反，認為不能在顧客剛進門時，便向他們索取資訊，這樣做不僅不禮貌，而且成功率不高，因為客戶資訊屬於顧客隱私，沒有人會在陌生人面前，全盤托出自己的隱私。

換句話說，如果想獲取客戶資訊，銷售員必須打破陌生人的身分，在彼此的心理距離縮小後，成功率就會提高許多。

❖縮短與顧客的心距，才能創造更大利基

前面提到的兩種觀點儘管截然相反，但都不無道理。因此，最好的辦法是將兩者相加除以二，走折衷路線。換句話說，銷售員索取客戶資訊最好在業務談判的過程中進行，既不能太早，也不宜過晚，具體時機應該更靈活。

還有，在索取客戶資訊時，銷售員的表情、動作及語言一定要自然，千萬別讓顧客心生反感。有些銷售員習慣快刀斬亂麻，想讓顧客在沒有搞清楚狀況下就範，這種公事公辦的方式確實會帶來高效率，但無形中容易讓對方感到不悅。

因此，最佳的方式依然是先讓顧客做好心理準備，心甘情願地留下個人資料。為了達成這個目的，銷售員必須做到以下三點：**和顧客交朋友、讓他們喜歡你、至少對你放心**。

具體的實踐則需要銷售員具備一項本事，就是儘量多聊八卦、少談業務。要透過察言觀色，迅速判斷出顧客的價值和興趣取向，並以最快的速度鎖定重點，聊一些對方感興趣的話題。然後，在聊天的過程中不斷縮小範圍，讓顧客在不知不覺中聊得不

亦樂乎，此時再向對方索取個人資料，一般來說，沒有人會拒絕。

這樣的試探可以有很多方法和切入點，比如顧客穿搭的服飾、配戴的手錶、使用的手機等，都是很好的素材，甚至顧客的工作、家庭、個人愛好等，也都是很容易展開的話題。

銷售員只要把握好分寸，不讓顧客產生不適感，想必能獲得不錯的效果。如果在顧客身上實在找不到合適的切入點，可以聊一些近期熱門的新聞話題或明星八卦。**過於正規、嚴肅的話題，不適合拉近銷售員與顧客之間的心理距離，也不利於創造彼此之間的心理舒適區**，而跳出業務的範疇，才是打破陌生感的最佳方法。

❖ 真心面向顧客，銷售員本身就是最佳商品

在職場裡，一切主要是靠情商，而情商的鍛鍊要透過在日常工作中，多觀察、多思考、多實踐。一個人無論情商再高，也不可能成功擺平所有顧客，當遇到這種狀況，銷售員一定要懂得換位思考、將心比心，把理解體現在表情和行動上。

許多銷售員會對爽快留下個人資料的顧客格外熱情，反之則刻意冷落。但根據我的經驗，以顧客是否願意留下資料，來判斷顧客成交意願，絕對弊大於利，而僅從成交的可能性來說，一個銷售員每個月成交的客戶當中，從未留下個人資料的客戶佔比，高達兩成左右，是非常可觀的數字。

因此，即便對於頑固派、死硬派的顧客，銷售員也應一視同仁，拿出最大的誠意，使出渾身解數提供最高品質的服務。換個角度來講，正因為這些顧客沒有留下個人資料，讓銷售員無法事後跟進，所以更需要利用有限的時間，盡可能讓對方留下深刻、不可磨滅的印象。

只有當顧客離開後還惦記著你、你的店和業務，你才能在沒有任何著力點、完全失重的情況下，緊緊地抓住客戶，讓他們無法從你的指縫中溜走。這正是真正高手的作為。

有一次，我到一家歐系品牌的汽車展示中心實地考察，接待我的是位二十出頭的年輕女孩子，她的表現堪稱完美，無論是態度、技巧，還是流程節奏，都十分講究、到位，讓人心情愉悅，有一種如沐春風的感覺。如果當天我的目的不是做市調，而真的是看車，在她手上成交一輛車也不無可能。

經過一番打聽，我才知道那個女孩子確實不簡單。她雖然貌不出眾，但在當地汽車銷售業界卻是大名鼎鼎，她的手裡掌握大量優質客戶資訊、她的資源讓每家店都想挖走她。這個案例完美證明，銷售員的終極商品是自己本身。

成交筆記

跳出業務的範疇，是打破陌生感的最佳方法。過於正規或嚴肅地談業務，不但無法拉近銷售員與顧客的心理距離，同時不利於創造彼此的心理舒適區。

重點整理

- ☑ 銷售是積少成多的事，客戶資料是一切銷售活動的起點。
- ☑ 為了充分利用客戶資源，增加人力會是最正確的選擇。
- ☑ 在人力不足的情況下，可以借助協力廠商的力量，掌握每一位顧客。
- ☑ 超業的價值，體現在有本事搞定難搞的顧客。
- ☑ 索取客戶資訊，最好在業務談判的過程中進行，既不能太早，也不宜過晚。

NOTE

/ / /

售後服務不外乎是退換、維修、保養和資訊諮詢。換句話說，東西買回去後，一旦出了問題有人管，一旦有不懂、感到懷疑不安的地方，有人可以問，就是這麼簡單。

第6章

回頭客的業績，其實是新顧客的9倍！

根據統計，回頭客帶來的利益是新顧客的9倍

進攻就是最好的防守，賽場如此，商場也是同樣的道理。如果把行銷比喻成商場上的進攻，把售後服務或守住老客戶，比喻成商場上的防守，那麼我們可以得出結論：**良好的售後服務是企業的最佳行銷方式**。

既然如此，我們該如何評判售後服務是否良好？

有個好用的方法，就是利用顧客滿意度這個管理工具。簡單地說，顧客滿意意味著你的售後服務良好；只要售後服務良好，表示你的行銷不成問題。在現代商場的生存競爭中，這樣的邏輯越來越重要。

❖發展已成熟的市場，售後服務是重要方針

傳統的行銷方式主要以開拓新客戶為主。當市場發育還不健全卻發展迅速，就像在所有玩家都很稚嫩卻能野蠻生長的大環境裡，這種方式頗具優勢。然而，一旦市場的發展速度慢下來，發育逐漸成熟，鎖定新客戶的經營策略便會盡顯劣勢。

說得通俗一點，在閉著眼睛都能撞到新客戶的時期，傳統的行銷方式可謂如魚得水、勢不可擋，但是當市場逐漸趨於飽和，或者當客戶見識增廣，開始對產品挑三揀四、猶豫不決時，新客戶的開拓往往不再百試百中。

這時候，經營者需要改變方針，就是利用前面提到的「以守為攻、聚焦在售後服務」招數。

某個國外權威管理研究機構，曾經藉由大量深入且詳實的調查，針對售後服務的環節，得出三個相當平實的結論。

●結論一：

對於一般的商家來說，獲得一個新客戶需要花費的成本（除了廣告費，還有其他人、財、物的投入）大概是幾百美元。這樣的成本投入表面上看來不昂貴，長期累積卻不容小覷。

●結論二：

已購買產品或接受過服務的客戶當中，**對商家的服務感到滿意，並自願成為回頭客（忠誠度極高的粉絲級客戶）的比例，不超過兩成**。換言之，對商家的服務或多或少感到不滿，且不會再來的客戶比例，高達八成之多。

●結論三：

從帶給商家的利益或潛在利益來看，**回頭客的價值是新客戶的九倍**。這其中有兩個原因，第一，回頭客的忠誠度極高，重複消費的行為會為商家帶來巨大的利益。第二，回頭客最大的行為特徵，是喜歡為商家介紹新客戶，並藉由這種行為獲得成就感和滿足感，這無形中為商家做了免費廣告宣傳。

這三個結論都說明，維繫老顧客的CP值高於開拓新客戶。對於這個現象，我的理解如下：

1. **大多數企業其實在做得不償失的事情**。

一方面，它們花大把的真金白銀把客戶招攬進來，另一方面，它們放任糟糕到極點的服務將客戶趕走。這樣一進一出造成至少九倍業績差額，企業想不賠本都難。

2. **大多數企業的經營和管理陷入惡性循環**。

越不重視服務品質，顧客越不滿意，顧客成為高附加價值回頭客的機率就越低，於是店家必須開拓低附加價值的新客戶，進而付出巨大的成本。當附加價值越來越低，成本越來越高，店家的經營就會越來越惡化。

在資源過載、同質性商品越來越多的社會裡，當商品的好壞不是絕對吸引人的條件時，解決問題的辦法只有一個：**掉轉槍口，瞄準售後服務的靶心**。

成交筆記

良好的售後服務是企業的最佳行銷方式，因為回頭客會帶給商家高於9倍的利益。

強化品牌的最大關鍵在於，做好售後服務

在這一節，我們談論服務人員應有的作為。首先，我們回歸原點，探討售後服務的本質。

什麼是售後服務？具體來說，不外乎是退換、維修、保養及資訊諮詢。換句話說，在我們把商品買回去後，出了問題要有人負責處理，一旦有不懂、疑惑或不安的地方，需要有專業的人可供詢問。

❖為什麼顧客在意售後服務？

首先要瞭解，顧客把商品買回家後，往往有兩種感覺：喜悅和不安。喜悅是源於擁有，不安是因為不瞭解、不放心。

一般人購物喜歡選擇知名品牌，其中一個重要原因就是可以增加喜悅、減少不安。這個效果是因為該品牌讓消費者留下的印象發揮作用，轉變成顧客的安心感。

對顧客來說，當購買的商品出問題，品牌提供的服務品質可以帶來喜悅、消除不安，而獲得的反饋會進一步塑造品牌的形象。這是典型的良性循環，消除不安可以強化品牌，並帶來擁有品牌的喜悅。這個良性循環的起點，不在於銷售（售前），而在於售後服務。

根據這個邏輯可以知道：**只有確保售後服務，才能消除或緩解顧客的不安，為他們帶來喜悅，而在滿足顧客的同時，才能塑造品牌**。顧客之所以在乎售後服務的環節，理由就在這裡。

以我自己為例，這幾年無論是買家電、手機還是電腦，第一個要確定的環節就是維修方不方便？維修地點有幾處？距離住家遠不遠？維修價格能否承擔？更換零件是否方便？維修費用划不划算、是否合理？維修地點是加盟量販店，還是正規直營店？當確信店家在這個環節能讓我滿意時，我通常會下定決心購買。

❖忽視售後服務環節，將增加成本支出

可惜，大多數商家常常認為，銷售只是把產品賣出去，把錢收回來，就可以宣告完結，他們忽略在這個物質豐富的時代，顧客對東西優劣投入的關注已經大不如前，因為同品項的商品有太多選擇，品質大同小異，唯一看得出區別的恰恰是售後服務。

遺憾的是，許多商家在售後服務的關鍵上犯錯，認為這是一件麻煩的事，能免則免。雖然某些企業確實意識到售後服務是可獲利的項目，表現出一定程度的重視，並對其傾注精力和資源，但是追求的往往不是提升顧客滿意度，其出發點只是為了錢。商家甚至不在乎犧牲顧客滿意度，導致產品出問題後的維修和保養費用，比重新購買新商品更昂貴。

這個做法看似精明，實則是貪小失大，因為對消費者來說，只要上過一次這樣的當，商家從此成為消費名單上的拒絕往來戶。

成交筆記

售後服務與品牌形象息息相關，商家忽視它將因小失大。重視售後服務、吸引顧客回購的利潤，是新客戶價值的九倍。

售前售後兩種嘴臉，是客戶最惱火的問題！

既然售後服務的好壞這麼重要，商家該如何確保售後服務的品質，才能得到較高的顧客滿意度？

談論這個問題之前，首先我們要瞭解，在所有與行銷息息相關的負面體驗當中，服務人員售前售後兩種不同的態度，是大多數顧客最頭痛也最惱火的問題。這種「只做你一筆生意」的表現，主要投射在四個方面：

1. **態度**：店家售前的態度與售後判若兩人。

在顧客購買前，店家熱絡地獻殷勤，讓人如沐春風，但顧客購買後，店家立刻變得十分冷淡，好像不認識這個顧客。

2. **方式**：店家售前的待客方式與售後截然不同。

在顧客購買前，店家恨不得好話說盡，端茶送水忙個不停，但顧客決定買單後，店家的熱情立刻直線下降，如果顧客不開口，連杯熱水都不會端給他。因為對大部分店家來說，東西賣出去、錢進口袋，這筆生意就結束了。

3. **時間**：店家售前的待客時間與售後相差十萬八千里。

在顧客購買前，店家恨不得一天二十四小時黏著對方，彷彿他是全世界的中心，但顧客購買後，店家好像與對方多說一句話都是浪費時間。因為時間和精力是有限的，即使有心也無法顧及全部顧客的體驗感受。

4. **效率**：售前的辦事效率與售後天差地遠。

在顧客購買前，店家的所有環節一路綠燈、異常順利，但顧客買單後，顧客提出的所有需求一路紅燈。因為許多的第一線員工認為，顧客的價值已被榨光，不必再圍著對方團團轉。

除了上述表現之外，還有其他的情況，例如：售後服務價格昂貴、店家唯利是圖，都是典型「只做你一筆生意」的例子。在銷售現場，許多店家因為短視近利，而踏入前一節談論的惡性循環卻不自知。

❖守住老客戶，等於替公司開拓業績

經過前面的分析，我們已經得知：在實務經驗中，購買行為完結後的顧客，反而具有更高的價值。

我根據在汽車銷售業多年的觀察，發現一個很有趣的現象：**業績越好的員工，對開拓新客戶越不熱心，反而是熱心開拓新客戶的員工，業績往往不好**。

業績好的員工很少在上班時間接待新客戶，每天與老客戶泡在一起聊八卦，基本上不談業務，但工作總是自動找上門，他們每個月輕輕鬆鬆就賣出十幾輛、甚至幾十輛車，獎金和薪資破百萬。這些超級業務員的經驗，恰好生動地驗證外資研究機構的調查：回頭客的價值是新客戶的九倍。

我從這些人身上得到靈感，曾在公司銷售部推出一項制度：**第一線銷售員在追蹤客戶或業務談判的過程中，必須撥出一定的時間，聊業務以外的事情（包括八卦），否則會受到處罰**。對於和顧客接觸時，除了業務就無話可談的人，我甚至考慮直接辭退。

相較於業績好的員工，業績不好的員工每天都在幹什麼？他們每天忙於接待新客戶，表面上看起來敬業、勤快、努力，是積極進取的好員工，但事實上，他們扯了自己和公司業績的後腿，是不折不扣的壞員工、懶員工。

這些人因為守不住或懶得守住老客戶，只能開拓新客戶，而新客戶的成交率大多很低，業績常常不理想。業績不理想又不願伺候老客戶，便只能一而再、再而三地去開拓新客戶，如此周而復始，形成惡性循環。

明明活用老客戶是一條不折不扣的捷徑，但這些人選擇費勁且效率極低的笨方法，走在一條最艱難的路。

❖每一筆顧客資料都是無形資財，要緊盯不放

剛開始的累積過程可能有點困難，但是要將目光放遠，別當一隻鑽營短期的蒼蠅。每一筆顧客資料都是一項無形的資產，只要累積到一定程度，銷售員即便天天不上班，躺在床上玩手機，也會有客戶主動找上門。這就是「量變產生質變」的道理。

當然，開拓新客戶是一項重要工作，不應該完全荒廢。在這種情況下，銷售人員確實可能發生精力不濟的問題。當銷售員實在忙不過來，而無暇關注老客戶時，該怎麼辦？

銷售部門的缺漏可以由售後部門補起來。如果售前部門的責任是向新客戶要效益，那麼向舊客戶要利益可說是售後部門的本職。

成交筆記

守不住或懶得守住老客戶的員工，是不折不扣的壞員工，造成業績無法達標與老客戶流失，會變成惡性循環。

失聯客戶的背後，藏有企業潛在的利潤

如果把公司營運看作是下一盤棋，每顆棋子都各司其職、互相支援。不可否認，開發新客戶是一個重要的工作，當售前部門精力不濟，售後部門應該及時補位支援，能做到這個環節，等於是避免人力資源的浪費。

❖失聯客戶造成的損失，店家難以估計

再觀察汽車銷售業的普遍現象，可以發現許多典型的例子。

譬如，這個行業有個著名的「四一〇現象」，在購車後第一個月，顧客平均每週

接到一通店家的電話，一共能接到四次，但是從第二個月起，店家打電話的次數急轉直下，顧客能接到一通店家的電話已經算是不錯，到了第三個月，顧客便一通電話也接不到。

這個現象為店家帶來什麼潛在損失？

首先是大量的客戶流失。現今，汽車銷售光是靠賣車，已經賺不到多少錢，甚至還可能賠錢。汽車銷售的收入多半來自售後服務，例如：維修、保養，以及販賣周邊產品等。在這種情況下，售後客戶的流失帶給企業的潛在損失，往往比售前客戶要大得多。

任何一家店只要經營五年以上，都會獲得幾千甚至上萬個售後客戶的資訊。然而，對於絕大多數店家來說，真正會長期來店的回頭客，也就是那些維修、保養都選擇固定一家店的客戶，總人數通常只有一、兩百個，甚至只有幾十個，這是令人震驚的現實。

其原因在於，絕大多數的老客戶寧可跑到其他店家，做保養和維修，以及購買價格不菲的周邊產品。如此一來，即使店家的經營應該已到了吃老客戶都吃不完的階段，卻不得不以散客為生，維持著靠天吃飯的狀態。

這些利潤豐美的果實本來都屬於銷售店家，但是現在拱手讓給別人，實在是不可思議的事。

❖客戶一旦被冷落，僵屍資訊很難再啟動

我曾經一而再、再而三地，對集團旗下分店的總經理強調：「維持售後客戶資訊非常重要」，甚至一度撤換幾家店的售後經理，最後乾脆親自上陣，跑到分店裡進行督導，試圖重新啟動躺在電腦表格裡的「僵屍資訊」，但令人遺憾的是，努力收效甚微。

一旦顧客長時間受到冷落，商家想重新啟動他們，簡直比登天還難，因為客戶資訊很可能已發生變化，而無法運用。

這些失聯客戶的佔比往往高得嚇人，常有六、七成之多。經過精算，這些客戶每年能為企業帶來近百萬的營業額，以及十幾萬的利潤。由於這個數字異常可觀，因此

白白浪費掉的客戶資訊實在令人心痛。

如果這些資訊沒有被浪費，或至少有一半沒有被浪費，將會是什麼情況？可能創造數千萬、甚至上億的營業額，以及上千萬的利潤。當然，即便那些資訊全部都能被啟動，成千上萬的客戶跑到店裡做維修和保養，此時需要人力、物力、財力，店家真的應付得來嗎？

常言道：「水能載舟，也能覆舟。」強大的口碑傳播效應是一把雙刃劍，做得好可以一夜風靡，做得不好則會一朝傾覆。

換句話說，經營者必須高度發揮細節管理的精髓，在細節控管方面始終緊抓不放，售後服務部門才能長期維持較高的管理水準，達到店家招牌越擦越亮、品牌越打越響的經營境界。

成交筆記

售前部門和售後服務應該互相支援，檢視客戶資訊，活化殭屍顧客，售後服務越好，企業品牌會越受到信賴。

客訴在所難免，活用3訣竅讓奧客變熟客

被客戶投訴幾乎是服務業的宿命，想躲都躲不掉。出現客訴每每令許多店家頭痛，避之唯恐不及，但反過來說，客訴的存在恰恰為店家創造絕佳機會，提升顧客滿意度。

❖客訴一旦發生，解決之道只有坦然面對

對銷售來說，如果有能力、有條件，客訴自然越少越好，但企業管理得再完美，也不可能做到零客訴。既然如此，不妨反其道而行，對客訴抱持開放、歡迎的態度，

巧妙利用客訴來提升顧客滿意度。

客訴既然是無法避免的存在，到底怎麼做，才是解決客訴的正確方法？首先，應該注意三個訣竅：

●訣竅1：要第一時間投入，解決問題一秒鐘都不能拖延。

當客訴發生時，顧客最忌諱的是店家反應拖延。越早投入，越容易減輕或消除顧客的不滿情緒。因此，當客訴發生時，哪怕手邊有天大的事情，也要暫時放下，盡可能在第一時間處理客訴。

同時，一定要在顧客面前表現出十分積極的姿態，讓顧客親眼看見你的一舉一動，他才會領你的情。

●訣竅2：要比顧客表現得還著急、更大驚小怪。

當客訴發生時，顧客最厭惡的另一種反應是太過淡定。當顧客十萬火急或怒火中燒時，店家的這種態度往往更激怒他們，讓他們產生「這家店對我的事毫不在乎」的錯覺。

舉例來說，醫院裡的醫生見過太多疑難雜症和生老病死，往往在病人家屬面前表現得異常淡然，而心急如焚的家屬常常將這樣的態度，視作罔顧病人生死和不負責任的表現。

為什麼會產生這樣的分歧？關鍵在於專業和情緒的不對稱性：一方專業，另一方不具專業；一方沒情緒，另一方有情緒。這種不對稱關係，是產生客訴等人際衝突的主要原因之一。

因此，當客訴發生時，撫平客戶情緒很重要。這需要銷售員的情緒與顧客同步，顧客急，你也急，甚至比顧客更急。顧客大驚小怪，你甚至比顧客更加大驚小怪，唯有如此，顧客才會在情緒上找到知己，心理上得到安慰。

當然，必要的專業素養不能棄之不顧，若你的情緒把顧客帶進溝裡，只會適得其反，最終徹底搞砸客訴。

● 訣竅3：即便不能徹底解決問題，也要展現出盡力解決的態度。

一般來說，大多數客訴都不太可能有終極圓滿的解決方式，總會留下一些遺憾，甚至不少客訴從一開始就沒有解決的可能性。碰到這種情況，解決問題顯然不是重點，解決問題的姿態才是真正要緊的事。

即使問題是因為客戶的不專業，也要先以低姿態撫平他的情緒。在顧客冷靜下來後，再針對他的不專業反應耐心地說明，客訴問題便迎刃而解。這個順序千萬不能相反。

切忌立刻試圖糾正顧客的不專業反應，再解決問題。當顧客處於極端情緒化的狀態，任何解釋說明都是多餘的，因為顧客根本聽不進去。

因此，用行動安撫顧客是唯一可行的辦法，才能為解決問題找到真正的切入點。這一點務必牢記。

總之，這三個訣竅只有一個目的，就是讓顧客息怒。只要顧客息怒，放棄情緒化的反應，剩下的事情就好辦了。

許多客訴最後都變得棘手、難以解決，關鍵原因常常不在於引發客訴的問題，而在於顧客情緒不斷惡化，引發事態升級。換句話說，客訴的本質往往與問題無關，而與情緒有關。所以，只要把九成的精力傾注於顧客情緒問題，剩下的事情不消一成功力，就能輕鬆搞定。

換個角度來看，只要圓滿解決顧客的問題，成功撫平顧客情緒，店家與客戶之間就有機會拉近彼此的感情。因此，解決客訴等於為店家打下良好的口碑，這樣的形象累積到一定程度，銷售業績自然會越來越好。

成交筆記

客訴的本質往往與問題無關，而與情緒有關。對於客訴的態度越是開放歡迎，越能降低客訴發生的機會。

客訴也分良性與惡性，該如何辨別及應對？

一般來說，對客訴應該採取開放、歡迎的態度，但需要注意的是，客訴也有良性與惡性的分別。

解決良性客訴會為店家增加一個朋友，惡性客訴則完全相反。這意味店家在處理客訴的過程中，要能迅速判斷哪些是良性、哪些是惡性，立刻做出對應的處置。前者要從一開始將對方視為朋友，以善意解決問題，而後者則應該要以其人之道，還治其人之身。

❖處理惡性客訴，要用雷厲風行的手段

惡性客訴的例子很多，例如：一開始便大喊大叫，拍桌砸場的人；對員工污言穢語、行為不端的人；根本不想解決問題，甚至出手阻撓為其解決問題的人；一坐下來便獅子大開口，提出不可承受條件的人；工於心計、善於表演、喜歡偽裝現場、煽動群眾栽贓給對方的人，以及糾纏不休的人等。

處理這種客訴的方法很簡單：派幾個員工打扮成現場圍觀的群眾，用手機偷偷拍下這些人的惡形惡狀，然後將相關證據交給有關部門或是發到網上，甚至直接發給鬧事者，問題至少會大幅度緩和。只要能緩和就有辦法，最終得以解決。

總之，無論是良性還是惡性客訴，店家都應該表示歡迎，至少不必害怕。處理客訴可以訓練團隊，解決客訴可以交到朋友，研究客訴可以提升管理能力，其實是件一舉多得的好事。

❖管理者要把表現的機會讓給部屬

此外，特別需要強調一點：處理客訴時，主管不要過度插手干預，要盡可能把這個機會讓給自己的部屬。這樣說是有原因的。

一來，若犯錯的人不需要負責、習慣把爛攤子甩給主管處理，責任心和綜合素質不可能有所提升，很可能將導致同質化的客訴不斷發生，客訴也得不到有效的控制與解決。一旦低級的失誤層出不窮，既嚴重破壞企業聲譽，又浪費海量的企業資源，將會形成惡性循環。

其次，犯錯的人不用親自糾錯，便永遠無法掌握糾錯的本領，學不會處理客訴的技巧和藝術，不但使客訴處理的品質大幅下降，嚴重影響顧客滿意度，還會分散主管的精力，讓主管無暇顧及其他更重要的管理工作，導致漏洞百出、顧此失彼的局面。

另外，公司的客戶資源集中在主管手中，但是直接與客戶打交道、最需要客戶資源的第一線員工卻兩手空空，幾乎沒有幾個優質客戶。這樣極端的資源配置現象，是很荒謬的事，從企業效益來看，絕不是好現象。

雖然大多數的管理者都練就一身好本領，也迫不及待地想在同事和部屬面前展示出來，但真正的管理，除了應該具備異常豐富的業務經驗之外，還要能夠忍住「秀」的衝動。

管理者面對員工與顧客，該怎麼拿捏分寸跟尺度，在實務操作中具體可以運用三個要點：

● **要點1：立場和職責改變，衡量自身價值的尺規也要跟著改變**。

當你是一個普通員工時，本身的工作表現是成功的尺規。當你是一名主管的時候，部屬的工作表現才是你成功的標準。換句話說，只要你當上主管，自己炫技便失去意義，讓部屬炫技才是你的本事。不明白這一點不配做一名管理者。

● **要點2：有足夠的胸襟和勇氣，放手讓部屬去處理客術問題**。

在面對客訴處理的問題，有時候主管過度積極的干預，也有不得已的一面。一來，相較於第一線的員工，同樣從基層拔升的管理者或許經驗更豐富，可以將客訴處理得相對更圓滿。二來，當客戶自恃有理時，表現往往更加鋒芒畢露。

在前一種狀況，管理者難免憂慮，放手讓部屬去處理後，萬一搞砸了，豈不是降低顧客滿意度？在後一種狀況，顧客不願意搭理部屬，主管是出面還是不出面？管理者不出面，部屬到底應該怎麼辦？

於情於理，出事讓部屬頂雷，主管躲在後面似乎有些說不過去，而且實際操作時確實有些難度。不過，正因為如此，主管具有足夠的胸襟和膽識，敢於交辦事情，藉此鍛鍊部屬獨當一面的能力。有時長痛不如短痛，該決絕時不決絕必將後患無窮。

●要點3：勇於拒絕部屬的懇求和顧客的無理要求。

客訴的結果絕不會有百分之百滿意，從長遠的經營角度來看，如果搞砸幾次客訴、得罪幾個客戶，能換來更老練的部屬和更滿意的客戶，絕對是一筆合算的買賣。所以，管理者要學會說「NO」，勇於拒絕部屬的懇求和顧客的無理要求。

前面提到，管理者要壓抑住炫技的衝動。以心理學的角度來看，有時候確實很難，不妨將這種衝動更換方向，把「秀」變成「演」，發揮高度的身段和口才，想方設法勸導客戶：「**如果您想解決問題，最好還是去找我的部屬，因為他們才是真正的專家。**」

成交筆記

活用老客戶是一條不折不扣的行銷捷徑。剛開始的累積過程可能有一點難，累積到一定程度後便一馬平川了。

重點整理

- ☑ 良好的售後服務，是企業的最佳行銷方式。
- ☑ 回頭客的價值是新客戶的九倍之多。
- ☑ 售後服務是強化品牌的最大關鍵。
- ☑ 失聯客的背後，代表企業巨大的潛在利潤。
- ☑ 用行動安撫顧客，是解決客訴唯一可行的辦法。
- ☑ 主管要學會說「NO」，勇於拒絕部屬的懇求和顧客的無理要求。

想拿下顧客，首先要按捺住「談業務」的衝動。消除顧客的敵意，才能為業務談判打下堅實的基礎，為自己贏得更大的迴旋空間。

第7章

切忌用力推，而是懂得「適時吃點虧」

想成為客戶的閨蜜麻吉？你得掌握3原則

接續售後服務的環節，我們首先要談論的是，如何與客戶做朋友？答案很簡單，就是要做到六個字：放長線、釣大魚，並記住下面三個原則：

1. 不談業務。
2. 投其所好。
3. 以退為進。

❖對客戶要有兩張嘴，一張業務、一張八卦

先說第一個原則：不談業務。售後部門與售前部門一樣，也有業績考核指標，工作人員承受著巨大的壓力。因此，在日常工作中，談業務似乎是無法避免的問題。我們可以看到，售後人員見到客戶總是一副躍躍欲試的樣子。一般來說，客戶對這種情況十分反感，總會有本能的警惕心理。如此一來，雙方的關係便顯得過於敵對，反而不利於業務推進。

如果你**想拿下顧客，一定要反其道而行，按捺住談業務的衝動，在顧客做好心理準備或心理戒備時，刻意不談業務**。只有先盡可能卸掉顧客的盔甲，消除他的敵意，才能為後面的業務談判打下堅實的基礎，贏得更大的迴旋空間。

所以，要效仿售前部門的做法，在售後部門設定「零業務溝通」的考核指標，具體的實務操作是考核售後部門的員工，在與顧客溝通時，能不能盡力不談業務，而是談顧客感興趣的其他話題。

由於話題必須是顧客感興趣的事，因此對售後人員的情商水準是一個重大考驗。

大多數能夠經受得起考驗的員工，業績往往差不了。

這個層面就牽扯到第二個原則：投其所好。一百個顧客會有一百種性格和偏好。銷售的所有前提，是必須要潛下心，拿出一番赤誠和顧客做真心朋友，才能窺探到顧客的內心世界，準確地察覺和把握顧客的性格與偏好。

也只有做到這一步，才會有和顧客投其所好的機會，為了做到這一點，恰恰需要你不談業務，多談點別的。因為銷售員與顧客之間的話題，唯有涉及業務方面這一塊，是最不容易與顧客產生交集的領域。

換言之，唯有業務方面的話題，最有可能形成單向通行的對話狀態。銷售員最糟糕的表現，是只有自己滔滔不絕，顧客卻完全無感，完全跟不上或不想跟上你的節奏。這就是典型的雞同鴨講的局面。很難給你帶來任何實質性的收穫。

因此，將單向通行變成雙向通行，刻不容緩。只有做到不談業務，才有機會為雙向通行打開一扇大門。拋開業務，海闊天空地聊，很容易找到顧客的興趣點和切入點，很容易做到投其所好。這是一個訣竅，有機會的話不妨嘗試一下。

成交筆記

打動客戶的售後服務要做到「放長線、釣大魚」，並記住三個原則：不談業務、投其所好、以退為進。

不把顧客當人看，讓利只是空包彈！

最後，說明第三個原則：以退為進。**無論顧客之間存在多麼明顯的個性化差異，至少有一點是所有顧客絕對的共識，那就是利害關係**。換句話說，每個顧客都希望少花點錢、多佔點便宜，這是人之常情。因此，你要學會以退為進，盡可能為顧客省錢，多給顧客一點實惠，才能達到放長線釣大魚的目的。

❖對客戶，要放長線才能釣大魚

現實生活中，售後工作人員都是怎麼做呢？相信大家對以下的場面不會感到陌生：第一線員工見到顧客時，總是表現得很親切、熱情，逢人就喊著「帥哥」、「美女」、「大哥」、「大姊」，然後直接端出業務的話題，彷彿只要嘴甜一點，顧客就會立刻買單。

這樣的心態實在是可笑至極，如果顧客這麼容易搞定，聽兩句好聽的話便乖乖就範，還要工作人員做什麼？養一隻嘴甜的鸚鵡不就能擺平一切嗎？

可見得，這是一種沒有把顧客真正當人看的表現。問題出在心態和情商上，歸根究柢，工作人員的專業素養過於低下。所以，把顧客當人看，是服務業從業人員的必修課。

人與人之間的關係，是在一對一的貼身互動、直接交流中，逐漸培養、慢慢累積起來。接下來，我們從人性化的角度出發，聊幾個與服務有關的細節。

或許有人會質疑，在現今的商場中，讓利的做法已經不新鮮，被商家玩爛了，而且效果不明顯，甚至越來越差。這確實是事實，造成這個事實的根源在於，商家忽略了要與顧客立場一致，要尊重顧客。這裡面有兩種情況：

●第一種情況：商家的讓利是假讓利。

名為「讓利」，其實是給顧客下一個套，讓他掏出更多錢，吃更大的虧。正因為這種陷阱太多，顧客頻繁地受到慘痛教訓，才會對商家產生不信任感和提防心理。

●第二種情況：商家確實出血，顧客卻依然不買帳。

造成這種情況的原因很多，除了前面提到的，商家一再以不誠信的行為，挫傷顧客的信任之外，還有一個原因就是方法不當。具體地說，讓利不應該只是某種一次性結果，而是不斷累積擴充的過程。

❖讓他揪感心，因為你想的不只是業績

換句話說，讓利不是商家光用嘴巴說，而是要一而再、再而三地用扎實的行為來證明。證明的標準也不是商家能決定，必須由顧客自己決定，出自顧客的判斷和切實體驗。

從這個意義上來講，只有真正把顧客當人看，切實尊重顧客的人格、感受、情感乃至情緒，才能將讓利扎實地做到顧客的心裡。

如果你能做到這一點，顧客買單便成為一件水到渠成的事。不過，「把顧客當人看」說起來容易，實際實行卻相當困難，需要耐心觀察、認真思考、切實領悟，並且反覆實踐、勇於試錯、善於調整。若非如此，永遠不會真正開竅。

與顧客立場一致，雖然是服務業永遠的口號，卻也是服務業永遠的痛，因為能做到這一點的人連百分之一都不到。

換句話說，在商場中，顧客與店家永遠是敵對關係，無論你再怎麼宣傳「為顧客著想」、「我們與客戶是一家人」、「客戶的利益就是我們的利益」，把漂亮話說到多麼肉麻的程度，其實每個人心裡都清楚真相。在這件事情上，顧客早已身經百戰，練就一身鋼筋鐵骨，絕不可能輕易就範。

成交筆記

無論顧客之間存在多麼明顯的個性化差異，「利害關係」是所有顧客絕對的共識。

買賣雙方並非敵對，要時時創造立場一致的機會

多年前，我服務的公司有一個顧問是我的愛將，也是我的忘年之交。

這個小夥子有一種神奇的本事：**無論遇到什麼性格的顧客，無論這個顧客是話癆還是悶葫蘆，他總能迅速找到話題**，與對方聊得火熱，而且話題廣泛，甚至連顧客的家務事、工作上的事，也能聊得不亦樂乎，實在令人稱奇。

顯然，這些話題都是顧客主動提出，而顧客之所以這麼做，一定是因為信任他。可見得這個小夥子的人格魅力多麼大。

此外，他清楚地記得數百位顧客的姓名和車況，以及其他個人資訊。只要顧客來店，他從來不用查電腦，就能直接與顧客對話，而且說到對方的心坎裡。最後，也是

最關鍵的一點：這個小夥子真正做到了服務業最難做到的口號，在日常工作中與顧客立場一致。

❖熱誠主動，讓顧客跟你統一陣線

每做一筆業務，他都會預備一個小本子記錄許多資訊，然後當著顧客的面一一替他們算帳，盡可能幫顧客省事、省錢。他的口頭禪是：**能便宜則便宜，能用國產絕不用進口，能用舊的絕不換新的**。

為了達到這個目的，有時候，他會刻意把一些即將報廢的舊零件拿到車廠去修，然後免費送給顧客使用，其實這樣做是違反公司制度的。

一來，公司需要縮短顧客車輛的零件報廢週期，儘量為顧客更換新零件，確保一定的收益水準。二來，總公司在零件處理方面也有一定的規定流程，店家的迴旋空間並不大。三來，車廠工人違反公司規定為他做事，也要冒一定的風險。

即便困難重重、陷阱處處，這小夥子卻奇蹟般地擺平了所有障礙，為顧客做到這一點。而且，既沒有得罪同事，也沒有惹惱主管，總是能全身而退。在我的記憶中，像他這樣「處處綠燈」的情況絕無僅有。可見得，他有極好的人緣，在某種程度上使他成為例外，可以做一些別人做起來會惹麻煩的事。

不只如此，當顧客被店裡的廣告吸引，告訴他要購買某種汽車周邊產品時，他的第一反應絕不是喜出望外，而是勸顧客要慎重。

當然，他不會說自家產品的壞話，而是主動為顧客分析，購買這項產品是否真的有必要。他的口頭禪是：如果一時衝動，將產品買回去，用了幾次便不用、成為雞肋，就太可惜了。

大多數顧客聽了他的話，都能抑制住衝動購物的熱情。即便是非買不可的東西，他也會主動幫顧客貨比三家，提供大量的商品資訊，告訴顧客去哪裡買，會比在自家店消費更便宜。

說得極端一點，他的表現已經明顯站在公司利益的對立面，等於幫忙顧客揩公司的油。當然，由於他的專業，顧客總是非常信任他。他這樣做，表面上好像使自己和公司損失不少潛在的銷售機會，但是最後算總帳時，客戶在他這裡花的錢卻一點不少。

顯然，這位小夥子賣的不是商品，甚至不是技術，而是他自己。**對他來說，讓利這種事已經與公司公開的優惠政策沒有關係，而成為一種徹頭徹尾的習慣，不折不扣的日常行為。他把自己包裝成一件絕佳的商品銷售給顧客，並贏得顧客徹頭徹尾的信任和依賴。**

在這個案例中，一個員工把顧客視為真正的人，而不再是簡單的商業符號，為自己也為公司帶來巨大效益，相信會給大家帶來一些有用的啟示。最起碼，我自己就從他的身上受益匪淺，後來做管理和商業諮詢時，給許多老闆提供了不少好招，讓他們在短時間內扭轉過幾次不利的局面。

❖贏得信任，顧客會想你所想、選你所選

舉例來說，我曾經給一位雜貨店老闆想了一招，刻意讓他調高自己店裡的某些商品定價，超過自己的競爭對手，然後再把其他一些商品定價降低，至少要低於競爭對

手的相同品類商品。

這樣一來，老闆就為自己贏得一個寶貴的操作空間：當客人進店詢問那些定價相對較高的商品時，讓員工主動為客人推薦競爭對手的同類商品，透過這種辦法，為員工贏得顧客的好感和信任。然後，當好感和信任逐漸培養起來，再透過定價比競爭對手低的商品，來為自己盈利。

顧客並不傻，會自己確認事情的真假。不過，這樣的行為恰恰是一件好事，可以幫助顧客建立對店家的信心。因為店家對顧客說的都是實話，競爭對手在這些商品的定價上，確實比自家店的高。確認了這一點，顧客對店家的信任度會更高、更穩定。

果然，老闆聽了我的話得到不錯的效果。後來我乾脆趁熱打鐵，慫恿老闆在同一條街上開了一家分店，然後，兩家店之間採用相同的招數對付對方。

這樣一來，這兩家隸屬於同一個老闆的店都取得了相當可觀的效益，可謂共贏。其實，商品還是那些商品，人還是那幾個人，真正發生變化的環節僅有顧客的信任。可見得，信任對生意人而言有多麼的重要。

成交筆記

讓利不光是口號手段，更是日常習慣。只有把自己當作是一件包裝出售的商品，才能博取顧客最大的信任和喜愛。

讓產品和服務「可視化」，能消除顧客疑慮

視覺化服務是讓整個服務過程儘量透明化，在顧客眼前完成，這是把顧客當人看的一種表現。舉例來說，有位客戶每次去汽車保養廠，總會被店員提醒該做保養，但車子的里程數還沒到，於是她不為所動。直到有一次，店員讓這位客戶看看車裡的機油尺，並說：「您看！油尺都髒到這種程度了。」她看過後，立刻主動讓車子進場保養。

所謂「百聞不如一見」，光靠嘴巴說，顧客不可能會心動的，相反地，如果讓他親眼看見實況，結果會大不相同。由於人的行為是靠感性驅動，因此給予一定的視覺衝擊，刺激感性衝動，能有效引發對方的實際行為。

千萬記住，人類不是電腦或機器，無法用一種純粹的合理化程式任意驅動。**顧客是有血有肉、纖細敏感且瞬息萬變的**，如果忽視顧客的人格屬性，以為靠理性說明就能輕鬆地擺平一切，依然是一種物化顧客的表現。

❖透明、可視，兩原則累積信賴關係

在有些汽車保養廠，當車主來保養車輛時，業務員會把車主安頓在接待中心，看電視、喝茶或看報紙，然後給車主一張表格，勾選車輛需要進行的保養項目，並簽上自己的名字。剩下的事，基本上就與車主無關。

通常，大多數車主對這種情況不會表現出任何異議，但這不表示他們心裡沒有任何疑慮。對他們來說，正因為自己是外行且愛車價格不菲，即使很信任店裡的工作人員，心裡仍會忐忑不安。

這就像把重病的親人託付給醫生時，你即使信任醫院的聲譽和醫生的醫術，但源於自己是外行的不安全感，無論如何無法徹底消除。因此，**店家一定要想方設法減少**

顧客的不安，例如可以透過前面提到的可視化服務。

再以汽車保養廠跟車主為例，最近許多保養廠將維修區改裝成玻璃牆，讓等待區的車主可以隔著玻璃隨時看到愛車，有的保養廠更進一步把車主請到維修區內，當面展示所有的環節。

透過技工的耐心解釋，車主哪怕是一知半解，仍會獲得極大的安全感，對店家的好感和信任度必然更上一層樓，這正是一種雙贏的結果。這樣的人際關係，是一點一滴地累積培養，慢慢建立起來的，但前提必須是人與人之間的關係，而不僅僅是顧客與店家之間的關係。

當然，這樣的做法未必適用於所有的場合。舉例來說，當維修區裡車滿為患，所有工人忙得不可開交、甚至焦頭爛額時，讓顧客不要跑到裡面添亂，才是一種更合理的選擇。

不過，這種情況的機率很低。在大多數情況下，店家有充分的時間和空間做一些貼身服務，這樣的機會萬萬不可錯過。歸根究柢，**心態和情商比什麼都重要，要把顧客當人看**。

❖視覺會刺激消費慾望

此外，還有一種方式對店家推行視覺化服務大有助益，就是巧用員工的照片。舉例來說，日本有一種「看得見臉的服務」，做法是讓顧客盡可能看見公司員工的臉，感受到人的氣息和活力，真切地感知到店家與顧客的連接點。

為了克服這個方式的操作難度，日本許多超市會在收銀台旁邊的牆壁上，懸掛店長或員工的照片，而汽車保養廠的維修區、客戶休息區的牆壁上，也會懸掛業務員、維修技師和團隊的照片。

這些照片與我們常見的「優秀員工表章排行榜」不同，通常是由專業人員設計、和製作的巨幅海報，視覺效果十分明顯。透過這種看得見臉的服務，日本的店家充滿人情味，顧客在店裡可以隨時體會什麼叫作賓至如歸，切身感受家庭般的親密氛圍。

日本的服務業能領先世界、有口皆碑，正是源於細節的持續累積，最終構成其堅不可摧的基石。

這種「看得見臉的服務」模式還有一個好處，就是激勵員工。不僅是優秀員工，連普通員工都可能有巨幅海報出現在店裡，在所有顧客和內部員工的面前，是何等的榮耀！

從廣告的角度來看，用基層員工的形象取代明星的形象，能一舉拉近顧客與店家的距離，絕對稱得上是一種明智之舉。

對顧客來說，走進一家店滿眼都是某明星的宣傳照，除了鐵粉之外，大多數人都是無感。這種廣告看似吸引人，其實與店家的生意沒有什麼關連。

❖消費越高昂，可視化服務的說服力越強

以下的故事發生在我的一位女性友人身上。這位女士大約三十多歲，是兩個孩子的母親，由於生育後忽視身材保養，導致體形走樣。她對此深感煩惱，於是痛下決心，要做一次大規模的整形手術。

在做手術之前，她因為心中的恐懼，前後三次拖延手術時間，甚至乾脆更換一家的醫院，心甘情願地支付一大筆違約金。直到最近，她才決定動刀。

事後我問這位女性友人，到底是什麼原因讓她終於放心，並下定最後決心？

她說了一大堆有關知名度、經驗、信譽之類的理由，也詳細介紹一些在網上查到的資訊，然後在不經意間透露一個細節：當第一次邁進那家整形醫院時，牆壁上有真人大小的員工海報，深深地吸引了她。

照道理說，現在的整形醫院或美容院都在玩這一招，不會讓人有多大的新鮮感。可是據她說，這家醫院有些不同，別的醫院都只張貼招牌醫生或護理人員的照片，而且只限一面牆壁，但是這家醫院展示所有員工的照片，讓它們在巨幅海報上佔有一席之地。

在這家醫院裡，每一層樓都有這樣的海報。這位女性友人說，這個環境好像有一種說不出的神奇魔力，一下子將她吸了進去，讓她不由自主地將自己託付給醫院，省掉許多做決策的煩惱和猶豫的疲勞。

她的表達能力很強，描述當時的情境頗為生動，那家整型醫院的做法顯然在關鍵時刻，影響她的決策。這個典型案例證明，「看得見臉的服務」模式對影響顧客的心理和行為，發揮神奇的效用，值得我們細心品味、充分借鑑。

成交筆記

顧客對從未謀面的明星無感，卻會對自己正在面對、即將面對，或可能面對的第一線員工有感。

當顧客在現場等待，適時彙報讓他揪感心

在售後服務環節裡，不把顧客當人看還有一個經典的表現，那就是「不彙報」。讓我們用下面的例子想像一下：業務員把顧客帶到休息區後，忽然人就不見了。正當顧客納悶的時候，卻見他回來了，手裡拿著一堆資料、一張表格，或一杯咖啡。顧客釋然的同時，是否難免也會心生埋怨：「哦，原來是做這個去了！那為什麼能不先說一聲？」

更離譜的事情還在後面。當業務員伺候著顧客，填完一大堆表格後，卻再一次人間蒸發。顧客左等右等，等待時間內的焦慮情緒也逐漸升級，最後很可能演化成一場客訴。即便不以客訴收場，顧客的滿意度也會大打折扣。總之，在這一環節店家的表

現是絕對的負分。

那麼，業務員的正確做法是什麼？兩個字：**彙報**。向顧客彙報自己的行蹤和事情的進度。如果可以，要做到隨時隨地彙報。如果能力有限，至少每隔一段時間彙報一次，比如半小時。

在彙報前，要讓顧客大致掌握整個事情的進程。然後，無論事情的進展與事前交代是否一致，都要保持一定的節奏，定時向顧客彙報，比如你可以這樣做：

- **事前交代**：「您的業務即將開始執行，過程大概需要三十五、三十六分鐘。請放心，我們會隨時向您彙報進度。」
- **事中彙報**：「還有十到十五分鐘左右就能完成，請稍等片刻。」
- **事後彙報**：「讓您久等了，您的業務已經完成，請您驗收。」

千萬不要漏掉向顧客彙報的環節，多數員工之所以不向顧客彙報，是因為在他們心中，顧客是一種被物化的存在，沒有自己的人格屬性，只是業務的目標。但是，顧客的不安和疑惑一旦積少成多，恐怕會發酵成被冒犯的感覺，最終化成憤怒的情緒爆發出來，對店家來說實在是得不償失。

別忘記，隨時向顧客彙報事情的進度，適時安撫顧客焦躁的心情，經營風險就能頃刻間消弭於無形。如果自己被一些瑣事拖住手腳，確實抽不出時間，至少可以拜託其他同事幫忙。這不是做不到的難事，關鍵還是情商高低的問題。

❖不彙報，顯示物化顧客的傾向

由於種種原因，甲部門的員工接待乙部門的顧客，或者非業務部門的員工接待業務部門的顧客。這些與顧客不期而遇的員工，應該怎麼做才合適？當做例行公事處理，還是以誠相待？

想像一下，當顧客進入一個汽車展示中心，碰巧業務部外出辦活動，店裡一個業務員都沒有，只剩下前臺接待人員留守。以下是兩種不同的對話場景，讓我們感受並比較一下：

●場景一：

顧客：你們還有某某車的DM嗎？

前臺：有。請稍等。您要的是這個吧？

顧客：對，是這個，謝謝！

前臺：您太客氣了。

顧客：這個我就拿走了。

前臺：好的，謝謝光臨！

●場景二：

顧客：你們還有某某車的DM嗎？

前臺：有，請稍等。您說的那種車是我們最暢銷的SUV車型，看來您對SUV很感興趣呀！（說話時，已將宣傳彩頁遞給顧客。）

顧客：是啊，畢竟將來有不少人會坐在車裡。

前臺：是嗎？方便問一下您家中的人口嗎？

顧客：我們夫妻兩人，加上兩個念小學的孩子，還有兩位老人，共有六個人。

前臺：這樣啊，那真是個其樂融融的大家庭。您看這樣行嗎？今天不巧業務部的人都出去辦活動了，展廳裡只有我一個人值班。我給您介紹一下展車怎麼樣？我雖然比不上業務部同事，但也受過正規培訓，如果您信得過我，我十分願意為您服務。

顧客：當然、當然！再怎麼說，你們是專家，我是純外行。給我這樣的外行講解，你是綽綽有餘。

前臺：您真是太謙虛了。在給您介紹展車之前，要麻煩您填一下這張表，等我們的業務員回來後，我會將您的情況轉達給他們，讓他們與您接洽相關的業務。畢竟他們才是真正的專家，應該能為您提供更優質的服務。

顧客：沒問題。

前臺：感謝您的配合，請跟我到這邊。我叫某某某，是這家公司的前臺接待員，請多多關照！

看完這兩個對話場景，你有什麼感覺？顯然，兩個場景中的對話氛圍是截然不同的。一個熱絡，一個冷淡；一個水乳交融，一個略顯尷尬。

其實，無論是場景一或二，前臺的實務操作都沒有問題，都稱得上恪盡職守。不過，場景一的前臺僅僅做到恪盡職守，沒有往前多走一步，而場景二的前臺不僅做到恪盡職守，還往前邁進不只一步，他是真正把顧客當人看。

對於場景一的前臺來說，顧客沒有人格屬性，是公司業務部員工的私人財產，而自己作為前臺，只要盡到應盡的職責就好，不應該把手伸得太長，做多餘的事情。

對於場景二的前臺來說，顧客顯然具有人格屬性，是活生生的人，而不是誰的私有財產。**即便分工不同，這些顧客最後轉交給業務部同事，但至少在自己接待顧客時，對方是自己的顧客，因此必須全力以赴、以誠相待，不能有任何猶豫和保留，才是專業的表現。**

場景二的前臺做法，有利於接下來的商務談判過程，促進顧客最後的成交，至少比一開始就把顧客匆匆打發來得好。但是，根據場景一的前臺做法，估計顧客走了之後，不大可能再回來。與此相似的案例，在探討售後服務環節中也不少見，其性質真的無異於趕客。

以汽車業務為例，通常客戶到店裡保養或維修時，總要花一段比較長的時間等待。這時候，百無聊賴的顧客總會在店裡到處走走，東看看、西摸摸，特別是喜歡跑到展廳裡，長時間擺弄各種展車。

千萬不要小看顧客的這些舉動，它們都是貨真價實的商機。但是，店裡的員工在面對這種顧客時，常常會不知所措，甚至角色錯亂，不知道該怎麼應對。因此，這些員工看到顧客在展廳裡擺弄展車時，無論是在售後還是售前，都不太願意搭理顧客，即便勉強接待一下，態度也顯得異常隨意或怠惰。

理由很簡單。業務部門的人認為，這些顧客沒什麼買車的意願，隨便敷衍一下就行。售後服務部門的人也不太重視這些顧客的舉動，因為他們看的是展車，不是自己負責銷售的周邊產品，所以很難激發出接待的熱情。

同樣地，如果這些顧客出現在售後部門的櫃檯，四周恰巧沒有售後員工，售前部門的人即便看到，大多也懶得上前應對，寧可坐視商機從眼前消失。**這些現象還是顧客物化的本能造成的。是我的，就接待；不是我的，就不接待，即使勉強接待也表現**

得隨意怠惰。

總之，顧客依然是沒有人格屬性的存在，沒有真正被當作人看。這種情況與店家天天高喊的「顧客是上帝」的口號相去甚遠，代價當然也顯而易見。無形當中流逝的商機，不知是多少老闆心中永遠的痛。

在銷售戰場征戰的你，已經受了夠多教訓到了該深刻反省、切時改變的時候，永遠要試著以溫暖銷售來服務顧客，讓每一筆成交變得揪感心。只要有心，就從現在開始。

成交筆記

人的行為大多是靠感性驅動，僅僅試圖從理性上說服顧客，對激發對方的行為而言，效果微乎其微，幾乎可以忽略不計。

重點整理

☑ 想拿下顧客，首先要按捺住「談業務」的衝動。

☑ 如何才能與顧客做朋友？答案是放長線，釣大魚。

☑ 把顧客當人看，是服務業從業人員的必修課。

☑ 真正把顧客當人看，切實尊重顧客的人格、感受、情感乃至情緒，才能將讓利扎實地做到顧客的心裡。

☑ 千萬不要小看顧客的舉動，每個顧客都是貨真價實的商機。

NOTE

/ / /

NOTE

/ / /

NOTE　　/　/　/

NOTE

/ / /

NOTE

/ / /

國家圖書館出版品預行編目（CIP）資料

超溫暖銷售術：37 個技巧教你，看出連顧客自己也沒察覺的需求！／
南勇著. -- 第二版. -- 新北市：大樂文化有限公司，2023.12
224 面；14.8×21 公分. --（BIZ；091）

ISBN 978-626-7148-92-1（平裝）
1. 銷售　2. 職場成功法
496.5　　109003579

BIZ 091
超溫暖銷售術（**暢銷限定版**）
37個技巧教你，看出連顧客自己也沒察覺的需求！
（原書名：超溫暖銷售術）

作　　者／南　勇
封面設計／蕭壽佳、蔡育涵
內頁排版／思　思
責任編輯／王藝婷
主　　編／皮海屏
發行專員／張紜蓁
發行主任／鄭羽希
財務經理／陳碧蘭
發行經理／高世權
總編輯、總經理／蔡連壽

出 版 者／大樂文化有限公司（優渥誌）
地址：220 新北市板橋區文化路一段 268 號 18 樓之 1
電話：(02) 2258-3656
傳真：(02) 2258-3660
詢問購書相關資訊請洽：(02)2258-3656
郵政劃撥帳號／50211045　戶名／大樂文化有限公司

香港發行／豐達出版發行有限公司
地址：香港柴灣永泰道70號柴灣工業城2期1805室
電話：852-2172 6513　傳真：852-2172 4355

法律顧問／第一國際法律事務所余淑杏
印　　刷／韋懋實業有限公司

出版日期／2020 年 4 月 20 日 第一版
2023 年 12 月 26 日 第二版
定　　價／280元（缺頁或損毀，請寄回更換）
I S B N／978-626-7148-92-1

大樂文化

大樂文化